全国中等职业技术学校电子类专业

无线电基础（第五版）习题册

林尔付　主编

中国劳动社会保障出版社

图书在版编目(CIP)数据

无线电基础（第五版）习题册/林尔付主编. -- 北京：中国劳动社会保障出版社，2018
全国中等职业技术学校电子类专业
ISBN 978 - 7 - 5167 - 3634 - 0

Ⅰ. ①无…　Ⅱ. ①林…　Ⅲ. ①无线电技术-中等专业学校-习题集　Ⅳ. ①TN014 - 44

中国版本图书馆 CIP 数据核字(2018)第 256869 号

中国劳动社会保障出版社出版发行
（北京市惠新东街 1 号　邮政编码：100029）

*

北京昌联印刷有限公司印刷装订　　新华书店经销

787 毫米×1092 毫米　16 开本　4.5 印张　104 千字
2018 年 12 月第 1 版　　2025 年 11 月第 7 次印刷

定价：9.00 元

营销中心电话：400-606-6496
出版社网址：http://www.class.com.cn
http://jg.class.com.cn

目　录

课题一　无线电通信系统和信号传输

任务 1　认识无线电通信系统和无线电波

一、填空题

1. 无线电通信系统由________、________和________组成。

2. 相邻两个波峰之间的距离称为________，每秒钟产生的波环的个数称为________，________与________的乘积就是波传播的速度，称为波速。

3. 人耳能听到的声音的频率一般在________到________范围内。声音在空气中传播的速度约为________，而且衰减速度________，所以声音在空气中不能传得________。

4. 无线电波是指频率为________，在自由空间传播的电磁波。无线电波波长与________成反比，即________越高，波长越短。

5. 中波的频率范围是________，短波的频率范围是________，超短波的频率范围是________。

6. 无线电音频广播一般使用________波、________波和________波波段，而电视广播一般使用________波或________波波段。

7. 无线电波的传播方式主要有________波传播、________波传播和________波传播三种。

8. 地波在传播过程中迅速衰减，这种衰减与电磁波的________有关，________越短，衰减越________。因此只有________波和________波适合地波传播。

9. 经过空中电离层的反射后返回地面的无线电波称为________。________波是利用电离层反射传播的最佳波段。

10. 短波的波长较短，沿地球表面传播时绕射能力________，且地面吸收损耗较________，传播的有效距离________，不适宜采用________传播。短波能被电离层反射到远处，主要以________方式传播。

11. 波长比短波更短的无线电波称为________，不能以________和________方式传播，只能以________方式传播。

12. 电视台天线发射的电视信号主要是通过________传播的，所以发射天线架得越________，传播距离越________。

13. 短波主要是靠________波、________波和________波传播，超短波主要是靠________波和________波传播，微波、卫星主要是靠________波传播，频率高时受天气变化的影响较大。

14. 原始信息（声音、图像、文字等）由话筒或摄像机等变换器变换成相应的电信号，这些电信号称为______信号。

15. 所谓调制，就是在发送端将所要传送的______信号搭载到______________信号上的过程。与发射机中的调制相反，接收机将原始的______信号从______信号里提取出来，这一过程称为解调。

16. 通常将携带有信息的电信号称为__________，未调制的高频振荡信号称为__________，通过调制后的高频振荡信号称为__________。

17. __________和__________是描述信号时间特性的两种常用方法。

18. 按照不同的________来排列各正弦波分量幅度的图形称为频谱。__________是测量信号频谱的常用仪器。

19. 在将示波器的探头与函数发生器的输出信号相连接时，应注意仪器间__________，即将示波器探头的________色夹子与信号发生器输出线的______色夹子相接，示波器探头的________________与信号发生器输出线的______色夹子相接。

二、选择题

1. 无线电波传播的方向是（　　）。
   A. 沿与其电场一致的方向
   B. 沿与其磁场一致的方向
   C. 沿与其电场和磁场都平行的方向
   D. 沿与其电场和磁场都垂直的方向

2. 无线电波的传播速度为（　　）。
   A. 3×10^8 m/s　　B. 340 m/s　　C. 100 km/s　　D. 34 km/s

3. 无线电频率的上限一般为（　　）。
   A. 3 GHz　　B. 30 GHz　　C. 300 GHz　　D. 3 000 GHz

4. 短波波长范围为（　　）。
   A. 1 000 ~ 100 m　　B. 100 ~ 10 m　　C. 10 ~ 1 m　　D. 10 ~ 1 dm

5. 频率范围在 30 ~ 300 MHz 的无线电波称为（　　）。
   A. 长波　　B. 中波　　C. 短波　　D. 超短波

6. 沿着地球表面传播的无线电波称为（　　）。
   A. 天波　　B. 地波　　C. 直射波　　D. 微波

7. 超短波和微波的传播特性是（　　）。
   A. 能绕射　　B. 能被电离层反射
   C. 只能做直线传播　　D. 适合用地波传播

8. 属于低频信号的是（　　）。
   A. 调制信号　　B. 载波信号
   C. 无线电波　　D. 已调波信号

9. 调制信号的频率（　　）载波的频率。
   A. 低于　　B. 等于　　C. 高于　　D. 两者无关

10. 如图 1—1—1 所示为用示波器测量正弦波波形的画面，若“VOLTS/DIV”的指示值是 2V，则所测正弦波的峰值为（　　）。

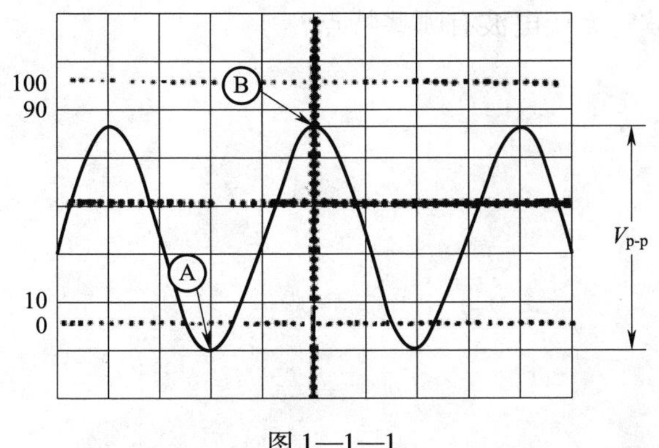

图 1—1—1

A. 9.2 V　　B. 4.6 V　　C. 6.5 V　　D. 3.25 V

11. 图 1—1—1 所示用示波器测量正弦波波形的画面中，若“TIME/DIV”的指示值是 5μs，则所测正弦波的频率为（　　）。

A. 100 kHz　　B. 50 kHz　　C. 25 kHz　　D. 20 kHz

12. 示波器的显示方式开关按钮在“$Y_A + Y_B$”上，此时示波器（　　）。

A. 同时显示 Y_A 和 Y_B 两个信号

B. 显示 Y_A

C. 显示 Y_B

D. 显示的是 Y_A 与 Y_B 相加后的一个波形

13. 用万用表测量正弦交流信号时，其测量结果是（　　）。

A. 有效值　　B. 最大值

C. 平均值　　D. 与平均值成正比的量

14. 用万用表测量非正弦交流信号时，其测量结果是（　　）。

A. 有效值　　B. 最大值

C. 平均值　　D. 与平均值成正比的量

15. 某信号由 2 kHz/5 V、2 kHz/3 V 和 2 kHz/2 V 三个信号合成，其频谱中包含（　　）。

A. 1 项　　B. 2 项　　C. 3 项　　D. 4 项

16. 某信号由 1 kHz/5 V、2 kHz/5 V 和 3 kHz/2 V 三个信号合成，其频谱中包含（　　）。

A. 1 项　　B. 2 项　　C. 3 项　　D. 4 项

三、综合题

1. 画出无线电通信系统的组成框图，并简要叙述各部分的功能。

2．什么是无线电波？无线电波有哪些特点？

3．无线电波一般分为哪几个波段？无线电音频广播和电视广播一般使用哪些波段？

4．无线电波的传播方式主要有哪几种？

5．什么是调制？在无线电通信系统中为什么要进行调制？

任务2　认识天线和传输线

一、填空题

1. 天线是______或______无线电波的装置，其主要参数有________、________、________、______和______等。

2. 发射天线是把________形式的能量转变为________形式的能量，并将________辐射到空间的装置。

3. 接收天线是将从空间传来的__________形式的能量转变为________形式的能量的装置。

4. 按照方向性分类，天线可分为______天线和______天线。

5. 天线方向图主瓣集中了天线辐射能量的主要部分，主瓣宽度越_____，天线辐射的能量越_____，定向性越好。

6. 增益系数与天线方向图有密切的关系，方向图主瓣宽度越_____，副瓣越_____，增益系数就越高。

7. 天线的带宽与天线振子的直径有关，直径越粗，带宽越_____。

8. 磁性天线实际上就是高频变压器，它由_____、_____、_____和_____组成。

9. 磁性天线可用于收音机中波和短波波段的接收天线，其中，_____波天线用镍锌铁氧体（呈棕色或灰色）磁棒，_____波天线用锰锌铁氧体（呈黑色）磁棒。

10. 两臂长度相等的振子称为________。半波振子是全长为______波长的对称振子。当振子长度与电流的______相同时，辐射能力最强。

11. 蝙蝠翼天线是一种广泛用于______频段的调频广播和电视广播发射天线。

12. 引向天线由一个________、一个________和若干个________按一定规律平行排列构成。引向天线的引向器数目越多，则增益越_____，波束宽度越_____。

13. 传输线是引导传输电磁波_____和_____的装置。常用的传输线有______传输线和_____传输线。

14. 当传输线的阻抗匹配时，传输线上只有_____波，而无_____波。当传输线的阻抗不匹配时，传输线上将同时存在_____波和_____波。

15. 传输线的特性参数主要有__________、__________、__________、__________、__________、__________等，用来描述传输线的工作特点和性能。

16. 传输线的特性阻抗定义为传输线上________与______之比。工程上常用平行双线的特性阻抗有____Ω、____Ω 和____Ω，常用同轴电缆的特性阻抗有____Ω 和____Ω。

17. 要使天线效率高，就必须使天线与________有良好的________，也就是要使天线的__________等于______的特性阻抗，这样才能使天线获得最大功率。

18. 场强反映了天线在空中某点接收到的无线电信号的强弱，场强大说明无线电信号_____，场强小则说明无线电信号_____。

二、选择题

1. 下列说法中表达正确的是（　　）。
   A. 低频信号可直接从天线有效地辐射
   B. 低频信号必须装载到高频信号上才能从天线有效地辐射
   C. 高频信号及低频信号都不能从天线有效地辐射
   D. 高频信号及低频信号都能从天线有效地辐射
2. 为了有效地辐射电磁波，天线尺寸必须与（　　）为同一数量级。
   A. 辐射信号的波长　　B. 辐射信号的频率
   C. 辐射信号的振幅　　D. 辐射信号的相位
3. 天线的增益大小可以说明（　　）。
   A. 天线对高频电信号的放大能力
   B. 天线在某个方向上对电磁波的收集或发射能力
   C. 天线对电磁波的放大能力
   D. 天线在所有方向上对电磁波的收集或发射能力
4. 半波振子的输入阻抗约为（　　）。
   A. 50 Ω　　B. 73 Ω　　C. 150 Ω　　D. 300 Ω
5. 常用的同轴传输线的特性阻抗为（　）。
   A. 40 Ω　　B. 75 Ω　　C. 150 Ω　　D. 225 Ω
6. 无线电工程中，常用的单位有 dBμv、dBm 等，dBm 是（　　）单位。
   A. 电压　　B. 功率　　C. 增益　　D. 电流
7. 要使天线能从馈线得到最大功率，就必须使天线和馈线有良好的（　　）。
   A. 感抗匹配　　B. 阻抗匹配　　C. 特性匹配　　D. 容抗匹配

三、综合题

1. 什么是天线的方向性？什么是天线的互易定理？

2．简述天线的工作原理。

3．标注出图 1—2—1 所示引向天线的组成部件名称，并比较这两种引向天线的特性。

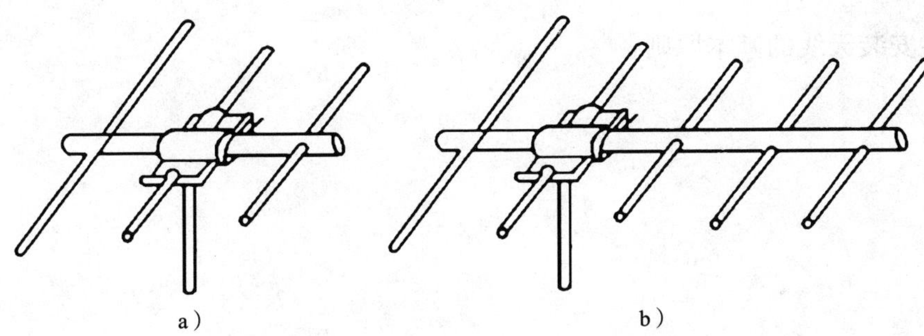

图 1—2—1

4．什么是行波？什么是驻波？

5. 如何设置天线和传输线的匹配传输？

6. 简述安装天线的基本原则。

课题二 调谐放大器

任务1 谐振电路的安装和调试

一、填空题

1. 每隔同样的时间重复或近似重复多次的过程称为________。在回路中，电场和磁场的周期性变化称为________。

2. LC 回路中的自由振荡频率又称为________频率，只与 LC 回路的________和________两个参数有关，与外界因素无关。自由振荡频率 f_0 用公式表示为________。

3. 在振荡过程中，振幅随时间不断衰减的振荡称为______振荡或______振荡。如果在振荡过程中，振幅维持不变，则称为______振荡；振幅随时间不断增大，则称为______振荡。

4. LC 串联谐振电路中，电感两端的电压相位超前电流______，电容两端的电压相位滞后电流______。

5. LC 谐振电路的谐振频率计算公式为________________。

6. 串联谐振电路中，电流与交流信号源频率之间的关系曲线称为________。当电路发生谐振时，电路阻抗达到______值，电流达到______值；当电路失谐时，无论交流信号源的频率高于或低于电路的固有频率，都将使电路阻抗______，电流也将随失谐的增大而______。

7. LC 串联谐振电路处于谐振状态时的特点是：电路总阻抗______且为________；电路中的______最大，并且与信号源电压同相；电感和电容上的电压达到______值（比交流信号源的电压大很多倍，故串联谐振又称为________谐振），但__________相反。

8. 并联谐振电路两端的电压与交流信号源频率之间的关系曲线称为________。当电路发生谐振时，回路两端的总阻抗达到______值，回路端电压相应也达到________值；当电路失谐时，无论交流信号源的频率高于或低于电路的固有频率，都将使回路两端的总阻抗______，回路端电压也将随失谐的增大而______。

9. 并联谐振电路处于谐振状态时的特点是：回路两端的等效总阻抗达到______值，且为________；________最小，并且与交流信号源电压同相；通过电容支路或电感支路的电流比电路________大很多倍，因此常把并联谐振称为______谐振。

10. 品质因数 Q 是用来衡量谐振电路__________好坏的一个很重要的指标。Q 值越大，__________越好，对干扰信号频率的抑制能力也越______。

11. 谐振电路的电感量越________，电容量越________，电感线圈中的损耗电阻值越________，Q 值就越________，__________就越好。

12．要提高选择性（即提高 Q 值），就要增大电感的_________，并同时减小电感线圈中的___________。例如，在电感线圈中加磁芯就是为了在相同的线圈匝数下，增加线圈的_________。用多股线绕制线圈也是为了减小_________，从而提高谐振电路的选择性。

13．谐振电路不仅要有良好的_____________，还要有一定的_________________。

14．谐振电路的通频带与品质因数之间的关系用公式表示为_______________。选择性和通频带的要求是矛盾的，如果要求选择性好（Q 值大），谐振曲线必须________，则通频带必然变________，一部分有用信号就会衰减，从而使音质变差。

15．谐振电路具有这样的特点：当频率为 f_0 的信号通过谐振电路时，输出信号的幅度________。当信号频率向上或向下偏离 f_0 时，输出信号的幅度________，频率偏离 f_0 越远，输出信号的幅度越________。

16．谐振曲线越接近矩形，回路的选择性就越______，通频带也较______，音质较______。为了使谐振曲线近似矩形，在要求较高的收音机中采用了___________回路，不但能满足选择性指标，而且还能使通频带内的信号得到均匀放大，从而改善收音机的音质。

17．在实际电路中，如果由于回路的______值大，导致回路的通频带小于有用信号的频带宽度时，往往在 LC 谐振回路中加入一个适当的电阻，以减小回路的______值，从而使回路的________展宽，改善音质。

二、选择题

1．交流电路中，电阻两端的电压与通过它的电流相比（　　）。

A．超前90°　　B．滞后90°　　C．同相位　　D．超前180°

2．在交流电的一个周期中，纯电感电路的电流相位比电压相位（　　）。

A．滞后90°　　B．超前90°　　C．滞后180°　　D．超前180°

3．在交流电的一个周期中，纯电容电路的电流相位比电压相位（　　）。

A．滞后90°　　B．超前90°　　C．滞后180°　　D．超前180°

4．LC 串联谐振时，电路中的电流（　　）。

A．最大　　B．最小　　C．不变　　D．不确定

5．LC 串联谐振时，电路中的总阻抗（　　）。

A．最大　　B．最小　　C．不变　　D．不确定

6．LC 串联谐振又称为（　　）。

A．电压谐振　　B．电流谐振　　C．固有频率谐振　　D．电感谐振

7．LC 串联谐振电路处于谐振状态时，交流信号源频率升高，电路将呈现出（　　）。

A．电阻性　　B．电感性　　C．电容性　　D．不确定性

8．LC 并联谐振时，电路中的总电流（　　）。

A．最大　　B．最小　　C．不变　　D．不确定

9．LC 并联谐振时，电路中的总阻抗（　　）。

A．最大　　B．最小　　C．不变　　D．不确定

10．LC 并联谐振又称为（　　）。

A．电压谐振　　B．电流谐振　　C．固有频率谐振　　D．电容谐振

11．并联谐振电路的谐振频率近似为（　　）。

A. $1/\sqrt{LC}$ B. $\sqrt{LC}$

C. $2\pi\sqrt{LC}$ D. $1/(2\pi\sqrt{LC})$

12. LC 并联谐振电路处于谐振状态时，交流信号源频率升高，电路将呈现出（ ）。

A. 电阻性 B. 电感性 C. 电容性 D. 不确定性

13. 串联谐振和并联谐振的共同点是发生谐振时感抗（ ）。

A. 小于容抗 B. 等于容抗 C. 大于容抗 D. 与容抗无关

14. LC 回路并联谐振时，电容电流的相位与总电流的相位的关系是（ ）。

A. 电容上的电流相位超前总电流 90°

B. 电容上的电流相位滞后总电流 90°

C. 电容上的电流相位超前总电流 180°

D. 电容上的电流相位滞后总电流 180°

15. 品质因数 Q、选择性和通频带 BW 之间的关系是（ ）。

A. $Q=\dfrac{BW}{f_0}$ B. $Q=\dfrac{f_0}{BW}$ C. $Q=f_0\cdot BW$ D. $Q=f_0+BW$

16. 在串联谐振电路中，只改变电阻时，电阻越大，则（ ）。

A. 电路的选择性越差 B. 电路的选择性越好

C. 电路的选择性不受电阻的影响 D. 电路的选择性保持不变

17. 色环依次为黄、黑、金、银的电阻器，其电阻值为（ ）。

A. 40 Ω B. 400 Ω C. 4 000 Ω D. 4 Ω

18. 用万用表判别电容质量时，测量挡位应置于（ ）。

A. 电阻挡 B. 电流挡 C. 直流电压挡 D. 交流电压挡

19. 元器件引出线折弯处要求成（ ）。

A. 直角 B. 锐角 C. 钝角 D. 圆弧形

20. 元器件装配前应（ ）。

A. 全部检验 B. 抽验 C. 免验 D. 只核对数量

三、判断题

1. 当串联谐振电路谐振时，电路的阻抗为纯电阻。（ ）

2. 当并联谐振电路谐振时，电路阻抗达到最大值。（ ）

3. 谐振频率 f_0 的大小不是由电路中电感的电感量和电容的电容量决定的。（ ）

4. 只有在外加交流信号源的频率 f 等于谐振电路的谐振频率 f_0 时，才会发生谐振现象。（ ）

5. 在谐振电路中，当频率为 f_0 的信号通过谐振电路时，输出的信号幅度最大。（ ）

6. Q 值的大小仅与电路元件的电感量和电容量有关，计算公式为 $Q=\sqrt{L/C}$。（ ）

7. 电路输入信号的频率越接近 LC 并联谐振电路的谐振频率，电路对其放大倍数越大。（ ）

8. Q 值越大，选择性就越好，因此在通信设备中，为了提高选择性就应尽最大可能提高 Q 值。（ ）

9. LC 回路的品质因数 Q 值越小，其选频能力越强。（　）

10. 通频带是指被选择的信号幅度相对谐振频率处的信号幅度下降至 0.707 倍时所对应的频率范围。（　）

四、综合题

1. 串联谐振的特点是什么？

2. 并联谐振的特点是什么？

3. 什么是谐振电路的选择性？什么是谐振电路的通频带？

4. 简述谐振电路品质因数 Q 的含义。

5．为什么要求谐振电路不仅要有良好的选择性，还要有一定的通频带？

6．已知并联谐振电路的 $L=1\ \mu H$，$C=20\ pF$，求该并联谐振回路的谐振频率 f_0。

任务 2　小信号调谐放大器的安装和调试

一、填空题

1．调谐放大器是指以________做交流负载的高频放大器，具有______和________功能。

2．小信号调谐放大器是指能对____________数量级附近的小信号进行放大的一类调谐放大器。

3．某小信号调谐放大器共有三级，每一级的电压增益为 10 dB，则三级放大器的总电压增益为____________。

4．小信号调谐放大器按调谐回路的个数分为__________放大器和__________放大器。

5．小信号单调谐放大电路主要由__________和____________组成。

6．单调谐回路的通频带与品质因数的关系是__________________。

7．对于小信号调谐放大器，当 LC 调谐回路的电容增大时，谐振频率________，回路的品质因数__________；当 LC 调谐回路的电感增大时，谐振频率__________，回路的品质因数________。

8．当小信号调谐放大器工作频率等于回路的谐振频率时，电压增益________；当工作频率偏离谐振频率时，电压增益__________。

9．当小信号单调谐放大器的谐振频率一定时，回路的有载品质因数增加，通频带将__________。

10．单调谐放大器经过级联后电压增益________，通频带________，选择性________。

11．小信号调谐放大器级联后，若每级放大器完全相同，增益为 A，带宽为 $2\Delta f_{0.7}$，则 m 级放大器的总增益计算公式为____________，通频带的计算公式为____________。

12．导致调谐放大器工作不稳定的主要因素是______________________________。

13．双调谐放大电路的特点是_______________和_______________，它的谐振曲线形状与两个回路的_____________和___________有关。

14．双调谐放大器在临界状态时，通频带为__________________。

15．双调谐放大器的谐振曲线在 $\eta>1$ 时，会出现_______现象。

二、选择题

1．在高频放大器中，多用调谐回路作为负载，其作用不包括（　　）。

A．选出有用频率　　B．滤除谐波成分

C．阻抗匹配　　D．产生新的频率成分

2．小信号调谐放大器主要用于无线通信系统的（　　）。

A．发送设备　　B．接收设备

C．发送设备和接收设备　　D．传输媒质

3．共基极截止频率 f_α、共射极截止频率 f_β 和特征频率 f_T 三者之间的大小关系为（　　）。

A．$f_\beta>f_T>f_\alpha$　　B．$f_\alpha>f_T>f_\beta$　　C．$f_\alpha>f_\beta>f_T$

4．小信号谐振放大器的主要技术指标不包含（　　）。

A．电压增益　　B．失真系数　　C．通频带　　D．选择性

5．信号源和负载与谐振回路采取部分接入，其目的是（　　）。

A．提高放大器的放大倍数　　B．提高回路的 Q 值

C．提高矩形系数　　D．提高放大器的通频带

6．小信号调谐放大器主要工作在（　　）状态。

A．甲类　　B．乙类　　C．甲乙类　　D．丙类

7．小信号单调谐放大器的通频带是指其电压增益下降到谐振时的（　　）时所对应的频率范围，用 $2\Delta f_{0.7}$ 表示。

A．1/2　　B．1/3　　C．$1/\sqrt{2}$　　D．$1/\sqrt{3}$

8．在小信号单调谐放大器的 LC 回路两端并联一个电阻 R，可以（　　）。

A．提高回路的 Q 值　　B．提高谐振频率

C．加宽通频带　　D．减小通频带

9．在电路参数相同的情况下，双调谐回路放大器的最大电压增益与单调谐回路放大器相比（　　）。

A．更大　　B．更小　　C．相同　　D．无法比较

10．在电路参数相同的情况下，双调谐回路放大器的通频带与单调谐回路放大器相

比（　　）。

A. 更大　　B. 更小　　C. 相同　　D. 无法比较

11. 在电路参数相同的情况下，双调谐回路放大器的选择性与单调谐回路放大器相比（　　）。

A. 更好　　B. 更坏　　C. 相同　　D. 无法比较

12. 在相同条件下，双调谐放大器与单调谐放大器相比，下列表达正确的是（　　）。

A. 双调谐放大器的选择性优于单调谐放大器，通频带较宽

B. 双调谐放大器的选择性优于单调谐放大器，通频带较窄

C. 单调谐放大器的选择性优于双调谐放大器，通频带较宽

D. 单调谐放大器的选择性优于双调谐放大器，通频带较窄

13. 小信号双调谐放大器的性能比单调谐放大器优越，主要原因是（　　）。

A. 前者的电压增益高

B. 前者的选择性好

C. 前者的电路稳定性好

D. 前者具有较宽的通频带，且选择性好

14. 多级调谐回路放大器的通频带是单调谐回路放大器的（　　）倍。

A. m　　B. $\sqrt{2^{\frac{1}{m}}-1}$　　C. $1/\sqrt{2}$　　D. $1/\sqrt{3}$

15. 采用多级单调谐放大器可以提高放大器的增益并改善矩形系数，但通频带将（　　）。

A. 变窄　　B. 变宽　　C. 不变　　D. 无法确定

16. 随着级数的增加，多级单调谐放大器（各级的参数相同）的通频带将变（　　），选择性将变（　　）。

A. 大、好　　B. 小、好　　C. 大、差　　D. 小、差

17. 电视接收机和某些雷达接收机常采用（　　）放大器，以得到较宽的通频带和较高的增益。

A. 单调谐　　B. 双调谐　　C. 参差调谐　　D. 多级调谐

18. 电视机的高放电路与中放电路应采用（　　）。

A. 单调谐放大器　　B. 双调谐放大器

C. 宽频带放大器　　D. 单调谐放大器或双调谐放大器

19. 小信号调谐放大器不稳定的根本原因是（　　）。

A. 增益太大　　B. 通频带太窄

C. 晶体管 $C_{b'c}$ 的反馈作用　　D. 谐振曲线太尖锐

20. 要观察调谐放大器的谐振曲线，需要用到的仪器是（　　）。

A. 示波器　　B. 频率计

C. 高频信号发生器　　D. 扫频仪

三、判断题

1. 晶体管的特征频率是晶体管具有放大作用的极限频率。（　　）

2. 国产晶体管 3DG 系列表示硅材料 NPN 型高频小功率三极管。（　　）

3．画出放大器的交流通路时，除了将大容量的电容视为短路外，还应将电源的两极视为短路。（　　）

4．改变并联谐振电路中的电容或电感，均可改变谐振频率，但放大器的工作频率不发生变化。（　　）

5．谐振放大器处在谐振时其增益最大。（　　）

6．放大器的选择性取决于谐振曲线的尖锐程度，谐振曲线的尖锐程度决定了 Q_L 值的大小。（　　）

7．小信号调谐放大器的选择性是指放大器从各种不同频率的信号中选出有用信号，抑制干扰信号的能力。（　　）

8．在一定的谐振频率下，有载品质因数 Q_L 越大，通频带越宽。（　　）

9．调谐放大回路的通频带只与回路的有载品质因数有关。（　　）

10．对于单调谐放大器，选择性越好，通频带就越窄。（　　）

11．放大器的增益与通频带存在矛盾，增益越高，通频带越窄。（　　）

12．在调谐放大器的 LC 回路两端并联一个电阻 R 可以加宽通频带。（　　）

13．多级耦合的调谐放大器的通频带比组成它的单级单调谐放大器的通频带宽。（　　）

14．在中频放大电路中，接中和电容的目的是为了消除放大器存在的寄生振荡。（　　）

15．小信号单调谐放大器回路的选择性比双调谐放大器回路的选择性好。（　　）

16．双调谐放大器在弱耦合状态下，其谐振特性曲线会出现双峰。（　　）

四、综合题

1．小信号调谐放大器的主要特点是什么？

2．简述小信号调谐放大器的种类。

3．什么是共射极截止频率f_{β}？什么是共基极截止频率f_{α}？什么是特征频率f_{T}？三者之间的大小关系如何？

4．如图2—2—1所示的单调谐放大器，LC回路应调谐在什么频率上？为什么直流电源要接在电感L的中心抽头上？电容C1、C3的作用分别是什么？接入电阻R4的目的是什么？画出交流通路。

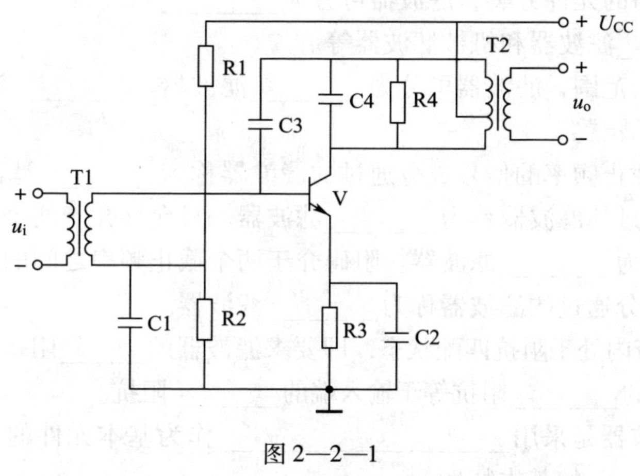

图2—2—1

5．一个小信号单调谐放大器，若回路谐振频率f_0为10.7 MHz，通频带BW为120 kHz，则有载品质因数Q_L为多少？

任务3　滤波器的安装和调试

一、填空题

1. 滤波器具有________________________________的作用。

2. 滤波器通带是指____，滤波器阻带是指____。

3. 滤波器的截止频率是指____。

4. 理想的滤波器应在通带内衰减为______，在阻带内衰减为______，在截止频率处衰减________________________________。

5. 根据构成电路的元件分类，滤波器可分为________滤波器、______滤波器、______滤波器、____________滤波器和机械滤波器等。

6. 根据通频带的范围，滤波器可分为________滤波器、________滤波器、________滤波器和_________滤波器。

7. 只允许低于截止频率的信号成分通过的滤波器称为________滤波器。只允许高于截止频率的信号成分通过的滤波器称为________滤波器。只允许介于两个截止频率之间的信号成分通过的滤波器称为________滤波器。阻碍介于两个截止频率之间的信号成分通过，只允许其他频率的信号成分通过的滤波器称为________滤波器。

8. 滤波器在通带内处于阻抗匹配状态，即要求滤波器的______阻抗等于输出端的______阻抗，滤波器信号源的________阻抗等于输入端的________阻抗。

9. 石英晶体滤波器是采用____________________作为基本元件的一种无源滤波器。石英晶体具有____________的基本特性。

10. 石英晶体有两个谐振频率，串联谐振频率f_s为________________，并联谐振频率f_p为____________________。

11. 石英晶体滤波器工作时，石英晶体两个谐振频率之间的宽度，通常决定了滤波器的____________。

12. 石英晶体的最大特点是它的等效电感数值很______，而等效电容和等效电阻数值都很______，所以石英晶体的品质因数值很______，可达____________以上。

13. 根据通带范围，石英晶体滤波器可分为______、______、______和______滤波器。

14. 陶瓷滤波器是以具有____________的陶瓷片制成的一种滤波器。它的等效品质因数为几百，比LC滤波器______，但远比石英晶体滤波器______，因此用它作滤波器时，其通带没有石英晶体滤波器那样______，选择性也比石英晶体滤波器______。陶瓷滤波器特别适用于_________、_________的中频放大器，在收音机、电视机中的应用广泛。

15. 三端陶瓷滤波器通过__________将输入端的信号选出并变换为输出端的电信号。

16. 声表面波滤波器是利用某些晶体的____________和__________传播技术制成的一种新型无源带通滤波器。

17. 声表面波滤波器应用于电视机和收音机的中频输入电路中作图像中频滤波器、伴音滤波器，可以取代中频放大器的__________回路和__________回路，起着__________的作用。

二、选择题

1. 理想滤波器在通带内衰减应为（　　）。

A. 0　　B. 1　　C. 5　　D. 10

2. 滤波器在满足传输条件时，工作在通频带内时的特性阻抗表现为（　　）。

A. 电感性　　B. 电容性　　C. 电阻性　　D. 不确定

3. 利用电抗元件的（　　）特性可实现滤波。

A. 单向导电　　B. 储能

C. 变频　　D. 电压不能突变

4. 低通滤波器允许通过的频率范围为（　　）。

A. $f_c \sim \infty$　　B. $f_{c1} \sim f_{c2}$　　C. $0 \sim f_c$　　D. $f_{c1} \sim f_{c2}$之外

5. 为了获得输入电压中的高频信号，应选用（　　）滤波器。

A. 带通　　B. 带阻　　C. 低通　　D. 高通

6. 只能抑制低频信号传输的滤波器是（　　）。

A. 低通滤波器　　B. 高通滤波器　　C. 带通滤波器　　D. 带阻滤波器

7. 在电子线路中，为了除去高频信号对电路的干扰，在电路中串联一个电感线圈作为高频滤波器。低频信号容易通过滤波器，而高频信号则被截留，其原因是（　　）。

A. 感抗 X_L 与频率 f 成正比　　B. 感抗 X_L 与频率 f 成反比

C. 感抗 X_L 与电感量 L 无关　　D. 感抗 X_L 与电感量 L 成反比

8. 下列元件中具有压电效应的是（　　）。

A. 某些陶瓷片　　B. 硅片

C. 压敏电阻瓷片电容　　D. 石英晶片

9. 根据石英晶体的电抗频率特性，当 $f = f_s$ 时，石英晶体呈（　　）性；当 $f_s < f < f_p$ 时，石英晶体呈（　　）性；当 $f < f_s$ 或 $f > f_p$ 时，石英晶体呈（　　）性。

A. 电感　　B. 电容　　C. 电阻　　D. 无法确定

10. 声表面波滤波器的工作频率局限于（　　）。

A. 300 MHz 以下　　B. 3 GHz 以下　　C. 30 GHz 以下　　D. 300 GHz 以下

11. 声表面波滤波器的优点是（　　）。

A. 性能稳定、选择性好　　B. 不怕振动、使用时间长

C. 尺寸小、频率高、通带宽　　D. 无载 Q 值高

三、判断题

1. 低通滤波器能通过的频率范围为 $0 \sim f_c$。（　　）

2. 带阻滤波器能通过的频率范围为 $f_{c1} \sim f_{c2}$。（　　）

3. 在带通滤波器衰减特性中，$0 \sim f_c$ 为阻带，$f_c \sim \infty$ 为通带。（　　）

4. 在带通滤波器衰减特性中，$f_{c1} \sim f_{c2}$ 为通带，$0 \sim f_{c1}$ 和 $f_{c2} \sim \infty$ 为阻带。（　　）

5. 石英谐振器的最大特点是它的等效电感非常大，而等效电容和损耗电阻非常小，因

此它的 Q 值很高，可达几千甚至几万以上。（ ）

6. 石英晶体谐振器回路的 Q 值高，选择性很好，其通频带很宽。（ ）

7. 石英晶体两个谐振频率 f_s 和 f_p 很接近，通频带宽度很窄。（ ）

8. 石英晶体谐振器组成的滤波器性能好，不需要谐振。（ ）

9. 二端陶瓷滤波器一般作为串联谐振器使用，三端陶瓷滤波器一般作为并联谐振器使用。（ ）

10. 石英晶体滤波器、陶瓷滤波器和声表面波滤波器中都使用了具有压电效应的基片。（ ）

11. 声表面波滤波器的主要部件是叉指换能器。（ ）

12. 由于电容器容抗与频率成反比，因此它同电感元件一样，在电子电路中被用作滤波器和选频电路的元件。（ ）

四、综合题

1. 理想的滤波器应具有哪些性能？

2. 什么是石英晶体的压电效应？

3. 为什么石英晶体具有谐振电路的特性？

4. 画出石英谐振器的图形符号、等效电路及电抗曲线，并说明它在 $f<f_s$、$f=f_s$、$f_s<f<f_p$、$f>f_p$ 时的电抗特性。

5. 简述三端陶瓷滤波器的基本工作原理和特点。

6. 简述声表面波滤波器的基本工作原理和特点。

任务4　正弦波振荡器的安装和调试

一、填空题

1. 正弦波振荡器就是能产生__________信号的电子电路。在无线电发射机中，正弦波振荡器用作______________。在超外差式接收机中，正弦波振荡器用作__________________。

2. 正弦波振荡器的振幅平衡条件为______________，相位平衡条件为______________。

3. 正弦波振荡器一般由__________、__________、__________和__________组成。

4. 正弦波振荡器根据选频网络所用元件来命名，分为________正弦波振荡器、________

正弦波振荡器和__________正弦波振荡器三种类型。

5．要产生较高频率信号应采用_______振荡器，要产生较低频率信号应采用_______振荡器，要产生频率稳定度高的信号应采用_______振荡器。

6．LC 正弦波振荡器采用______________作为选频网络。按照其反馈方式不同，LC 正弦波振荡器可分为_________反馈式振荡器、_________反馈式振荡器和_________反馈式振荡器三种类型。

7．变压器反馈式调集振荡器是以_________作为反馈元件，以____________作为晶体管的集电极负载，把依靠____________获得的正弦波振荡信号通过一个与_____耦合的电感线圈反馈到输入端。

8．三点式 LC 振荡器判别法则是____。

9．电感三点式 LC 振荡器的发射极和集电极之间的阻抗性质应为_________，发射极和基极之间的阻抗性质应为_________，基极和集电极之间的阻抗性质应为__________。

10．电容三点式 LC 振荡器的发射极和集电极之间的阻抗性质应为_________，发射极和基极之间的阻抗性质应为_________，基极和集电极之间的阻抗性质应为__________。电容三点式振荡器的谐振频率计算公式为______________。

11．克拉泼振荡器是在电容反馈式 LC 振荡器的电感支路中串联一个_________构成的。西勒振荡器是在克拉泼振荡器的基础上，在电感线圈两端并联一个__________构成的。

12．石英晶体正弦波振荡器是采用_________作选频网络的正弦波振荡器。石英晶体正弦波振荡器是利用石英晶体的__________工作的，其_________很高，________也很高。

13．石英晶体有两个谐振频率，即_____谐振频率 f_s 和____谐振频率 f_p，且 f_s ________ f_p。

14．石英晶体在 f_s 与 f_p 之间很窄的范围内的等效电抗为_____性，其他范围内的等效电抗为_____性。石英晶体振荡器通常可分为_____________和_____________两种。

15．并联型石英晶体振荡器的振荡频率介于_______与_______之间，石英晶体相当于一个_______，该电路满足____________LC 振荡器的组成原则。

16．串联型石英晶体振荡器的石英晶体接在______________电路中，其振荡频率为_____________，此时石英晶体相当于一个_________。

二、选择题

1．正弦波自激振荡器是用来产生一定频率和幅度的正弦波信号的装置，此装置之所以能输出信号是因为（　　）。

A．有外加输入信号

B．满足了自激振荡条件

C．先施加输入信号激励振荡起来，然后去掉输入信号

D．施加输入信号激励振荡起来，并保持

2．要使自激振荡器稳定地工作，则必须满足（　　）。

A．起振条件　　　　　　　　　　　　B．平衡条件

C. 稳定条件　　D. 起振条件、平衡条件和稳定条件

3. LC 振荡器起振时要有大的放大倍数，应工作于（　　）状态。

A. 甲类　　B. 乙类　　C. 丙类　　D. 甲乙类

4. 正弦波自激振荡器建立过程中，晶体管的工作状态是（　　）。

A. 甲类　　B. 甲乙类

C. 丙类　　D. 甲类→甲乙类→丙类

5. 正弦波振荡器中正反馈网络的作用是（　　）。

A. 保证产生自激振荡的相位条件

B. 提高放大器的放大倍数，使输出信号足够大

C. 产生单一频率的正弦波

D. 产生多个频率的正弦波

6. 正弦波振荡器之所以能获得单一频率的正弦波输出电压，是依靠了振荡器中的（　　）。

A. 放大电路　　B. 正反馈网络　　C. 选频网络　　D. 稳幅电路

7. 对于图 2—4—1 所示的电路，以下说法正确的是（　　）。

A. 该电路由于放大器不能正常工作，不能产生正弦波振荡

B. 该电路由于无选频网络，不能产生正弦波振荡

C. 该电路由于不满足相位平衡条件，不能产生正弦波振荡

D. 该电路满足相位平衡条件，可能产生正弦波振荡

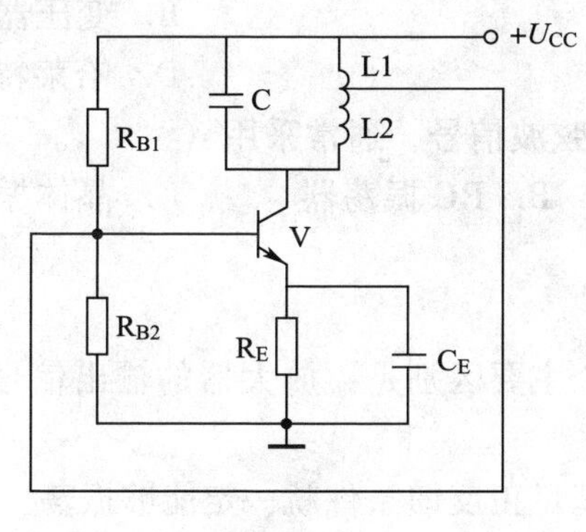

图 2—4—1

8. 振荡器的振荡频率取决于（　　）。

A. 正反馈强度　　B. 放大器放大倍数

C. 反馈元件参数　　D. 选频网络参数

9. 与电感三点式 LC 振荡器相比，电容三点式 LC 振荡器的优点是（　　）。

A. 电路组成简单　　B. 输出波形好

C. 容易调节振荡频率　　D. 频率稳定度高

10. 石英晶体谐振于 f_s 时，相当于 LC 回路的（　　）。

A. 串联谐振现象　　B. 并联谐振现象

C. 自激现象　　D. 失谐现象

11. 石英晶体谐振于 f_p 时，相当于 LC 回路的（　　）。

A. 串联谐振现象　　B. 并联谐振现象
C. 自激现象　　D. 失谐现象

12. 石英晶体振荡器在频率为（　　）时等效为一个电感。

A. $f=f_s$　　B. $f_s<f<f_p$　　C. $f<f_s$　　D. $f>f_p$

13. 石英晶体振荡器的振荡频率基本上取决于（　　）。

A. 电路中电抗元件的相移性质　　B. 石英晶体的谐振频率
C. 放大管的静态工作点　　D. 放大电路的增益

14. 在皮尔斯振荡器中，石英晶体等效为（　　）。

A. 电感元件　　B. 高选择性短路元件
C. 电阻元件　　D. 电容元件

15. 石英晶体在串联型石英晶体振荡器中起（　　）作用，在并联型石英晶体振荡器中起（　　）作用。

A. 电感　　B. 电容　　C. 稳定频率　　D. 电阻

16. 石英晶体与电感串联后，由于串联电感增加，串联谐振频率将（　　）。

A. 上升　　B. 下降　　C. 不变　　D. 不规则变化

17. 为提高振荡频率的稳定度，高频正弦波振荡器一般选用（　　）。

A. LC 正弦波振荡器　　B. 晶体振荡器
C. RC 正弦波振荡器　　D. LC 振荡器

18. 要设计一个稳定度高的频率可调振荡器，通常采用（　　）。

A. 石英晶体振荡器　　B. 变压器反馈式振荡器
C. 西勒振荡器　　D. 哈莱特振荡器

19. 要产生频率较高的正弦波信号，通常采用（　　）。

A. LC 振荡器　　B. RC 振荡器　　C. 晶体振荡器　　D. 压控振荡器

三、判断题

1. 振荡器与放大器的一个主要区别是：放大器的输出信号与输入信号频率相同，而振荡器一般不需要输入信号。（　　）

2. 正弦波振荡电路只要满足正反馈条件就一定能够振荡。（　　）

3. 正弦波振荡器的稳幅电路可以采用热敏元件或利用放大电路自身元件的非线性来完成。（　　）

4. 正弦波振荡器中如果没有选频网络，就不能产生自激振荡。（　　）

5. LC 正弦波振荡器的振荡频率由反馈网络决定。（　　）

6. 共发射极放大电路因其功率增益比共基极放大电路大，所以容易满足幅度条件而容易起振。（　　）

7. 采用同型号的晶体管组成共基极放大电路可以比共发射极放大电路得到更高的振荡频率。（　　）

8. 构成三点式振荡器的基本原则是“射同余异”。（　　）

9. 电感三点式振荡器的输出波形比电容三点式振荡器的输出波形好。（　　）

10. 由石英晶体谐振器的电抗—频率特性可见，当频率满足 $f_s<f<f_p$ 时呈容性，在其他

区域呈感性。 （ ）

11．并联型石英晶体振荡器中的石英晶体相当于一个电感。 （ ）

12．串联型石英晶体振荡器中的石英晶体相当于一个电容。 （ ）

四、综合题

1．电路中存在正反馈，且 $AF>1$，是否一定会产生自激振荡？如果能产生，是否是正弦波振荡，为什么？

2．用瞬时极性法判别图 2—4—2 所示各电路能否满足自激振荡的相位条件而起振（假设各电路的振幅条件均满足）。

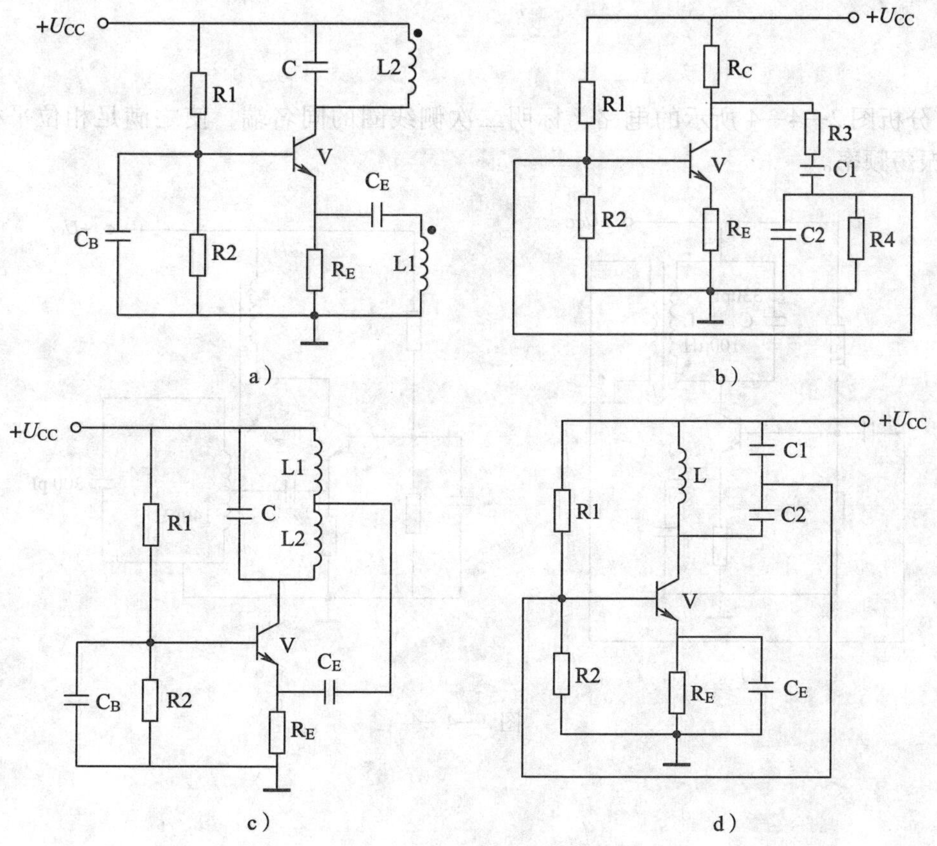

图 2—4—2

3．检查图 2—4—3 所示的振荡电路，指出图中的错误，并画出正确的电路图。

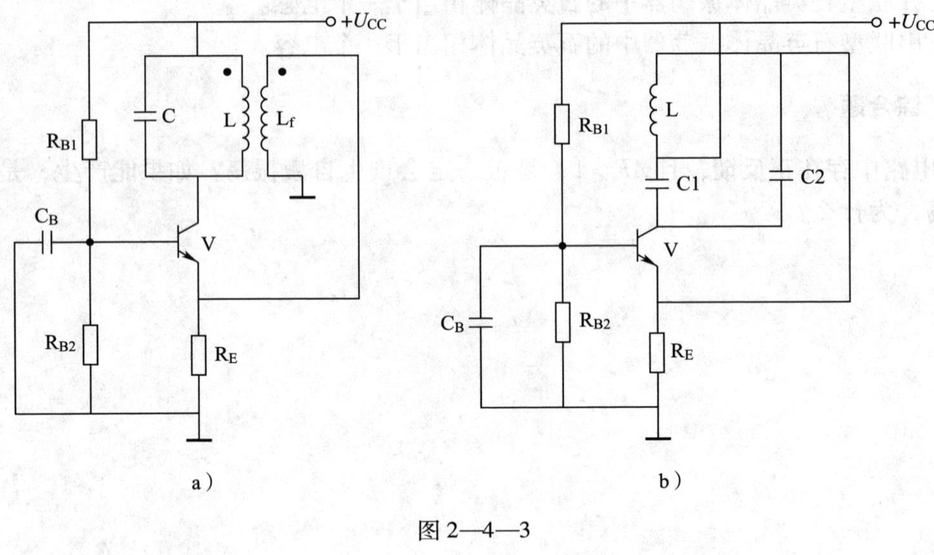

图 2—4—3

4．分析图 2—4—4 所示的电路，标明二次侧线圈的同名端，使之满足相位平衡条件，并求出振荡频率。

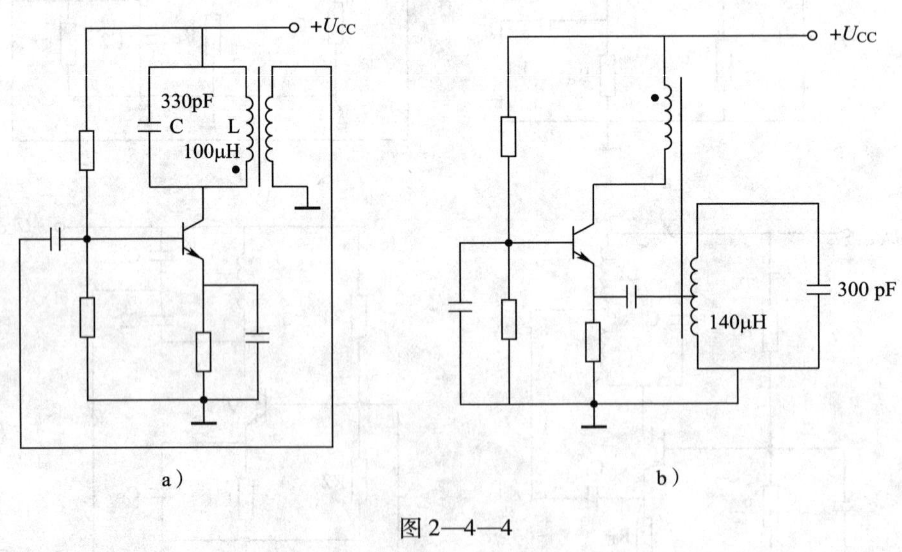

图 2—4—4

5. 如图 2—4—5 所示为 LC 正弦波振荡电路，其中 L_c 为高频扼流圈，C_E 和 C_B 可视为交流短路。

（1）画出交流等效电路。

（2）判断是否满足自激振荡所需相位条件，若满足，电路属于哪种类型的振荡器？

（3）写出估算振荡频率 f_0 的表达式。

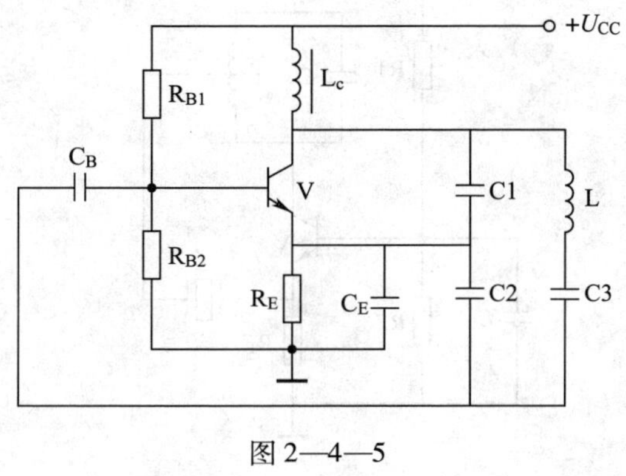

图 2—4—5

6. 某电视机高频头中的本机振荡电路如图 2—4—6 所示。

（1）画出其交流等效电路，并说明其属于哪种类型的振荡电路。

（2）求工作频率为 48.5 MHz 时回路电感 L 的值。

（3）计算反馈系数 F。

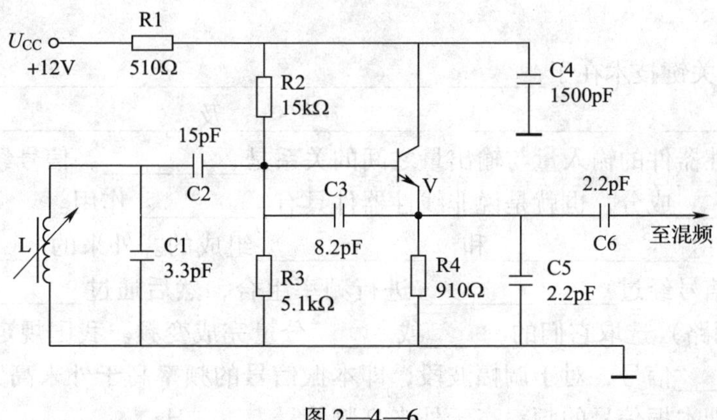

图 2—4—6

7．石英晶体振荡电路如图 2—4—7 所示。

（1）石英晶体在电路中的作用是什么？

（2）R1、R2、C_B 的作用是什么？

（3）电路的振荡频率 f_0 如何确定？

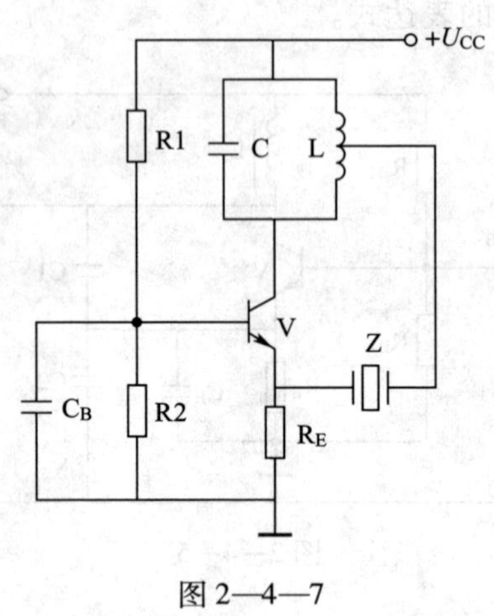

图 2—4—7

任务 5　变频器的安装和调试

一、填空题

1．变频器的关键技术在于________________________________。

2．____________、____________、____________及____________等器件都是非线性器件，非线性器件的输入量与输出量之间的关系是________，信号经过非线性器件会产生____________成分，也就是说非线性器件具有________作用。

3．变频器是由____________和____________组成的。外来的____________信号和__________信号经过____________进行频率组合，然后通过____________（通常是 LC 并联谐振回路）选取它们的______或______分量完成变频。我国规定超外差式收音机中频信号为______信号，对于调幅波段，即本振信号的频率高于外来高频信号______Hz；对于调频波段，即本振信号的频率高于外来高频信号______Hz。

4．变频器能完成变频作用，主要是靠非线性器件工作于________状态来实现的，而且外来高频信号 u_s 和本机振荡信号 u_L 这两个信号的振幅悬殊，变频后所获得的中频调幅波信号 u_I 的调制规律取决于________信号，与________信号无关。

5．变频时，如果非线性器件本身既____________，又____________，则称其为自激式变频器。

6．如果非线性器件本身仅____________，____________由另外的器件产生，则称其为他激式变频器。

7．变频级的晶体管同时完成两个任务：一是____________；二是__________________。

8．根据晶体管的组态和本振电压注入点的不同，晶体管变频器有__________________、__________________、__________________、__________________四种电路形式。

9．无论广播电台高频载波的频率如何变化，都必须使____________频率比广播电台高频载波的频率高 465 kHz，这就是“外差跟踪”。超外差式收音机在输入回路和____________回路中采用电容量同步变化的________________电容器，就是为了达到这个目的。

10．模拟乘法器是__________器件，具有__________作用。

11．模拟乘法器 MC1496 工作频率高，常用作________、________和________等。通常 X 通道（1、4 脚）作为______信号或______信号的输入端，而______信号或______信号从 Y 通道（8、10 脚）输入。当通道输入是小信号（小于 26 mV）时，输出信号是 X、Y 通道输入信号的____________。

二、选择题

1．在变频电路的变频过程中，以下叙述正确的是（　　）。

A．信号的频谱结构发生变化　　B．信号的调制类型发生变化

C．信号的载频发生变化　　D．信号不发生变化

2．（　　）携带有调制信号的信息。

A．载波信号　　B．本振信号

C．已调波信号　　D．外来高频信号

3．变频器所变换的是（　　）频率。

A．音频　　B．中频　　C．载波　　D．调制

4．我国规定超外差式收音机中频信号为差频信号，本振信号（　　）输入高频信号。

A．高于　　B．低于　　C．2 倍于　　D．等于

5．某超外差式接收机的中频 $f_I=465$ kHz，输入信号载频 $f_c=810$ kHz，则本振信号频率 f_L 为（　　）。

A．2 085 kHz　　B．1 740 kHz　　C．1 275 kHz　　D．1 075 kHz

6．混频器与变频器的区别是（　　）。

A．混频器包括了本振电路

B．变频器包括了本振电路

C．混频器和变频器都包括了本振电路

D．混频器和变频器均不包括本振电路

7．要求本振信号功率大、相互影响小、放大倍数大，宜采用（　　）的混频电路。

A．外来高频信号由基极输入、本振信号由发射极注入

B．外来高频信号由基极输入、本振信号由基极注入

C. 外来高频信号发射极输入、本振信号由基极注入

D. 外来高频信号发射极输入、本振信号由发射极注入

8. 以下几种混频器电路中，输出信号频谱最纯净的是（　　）。

A. 二极管混频器　　　　B. 晶体管混频器

C. 模拟乘法器混频器　　　　D. 自激式变频器

9. 图 2—5—1 中，$u_s(t)=U_{sm}\cos\Omega t\cos\omega_s t(\mathrm{V})$，$u_L(t)=U_{Lm}\cos\omega_L t(\mathrm{V})$，该框图能实现的功能是（　　）。

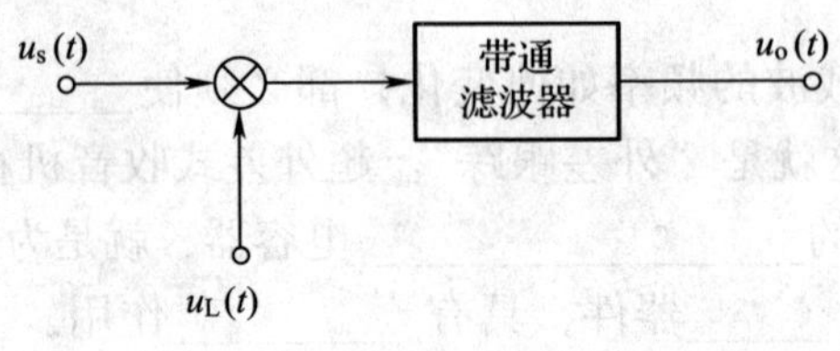

图 2—5—1

A. 振幅调制　　　　B. 调幅波的解调

C. 混频　　　　D. 鉴频

三、判断题

1. 变频电路属于非线性电路。（　　）

2. 变频电路是一种典型的频谱线性搬移电路。（　　）

3. 为了实现变频，必须将两个频率不同的信号加到线性器件进行组合，然后选取差频或和频。（　　）

4. 混频器的作用是将调幅波的载波频率变为固定中频。（　　）

5. 利用非线性器件的相乘作用可实现频谱搬移。（　　）

6. 根据设备不同要求，经变频器变频后输出信号频率可以低于输入信号频率，也可以高于输入信号频率。（　　）

7. 如果没有高频小信号放大器，则接收机的总噪声系数主要取决于变频器的噪声系数。（　　）

8. 模拟乘法器是非线性器件，因此不能实现频谱的线性搬移。（　　）

四、综合题

1. 画出变频器的组成框图及变频前后的波形图，并简述变频器的工作原理。

2. 若某电压信号 $u(t)=5\cos\Omega t\cos\omega_{c}t(\mathrm{V})$ （$\omega_{c}\gg\Omega$），画出其频谱图。

3. 什么是收音机的“三点跟踪”？如何实现“三点跟踪”？简述收音机本振回路中的垫整电容和补偿电容分别起什么作用。

4. 简述模拟乘法器 MC1496 的作用和用途。

5. 如何用万用表来检查收音机的本振电路是否起振？

任务6　高频功率放大器的安装和调试

一、填空题

1．低频功率放大器用于对________信号进行功率放大，其工作频率______，但相对频带很______。它采用________负载，一般工作于________、________或______状态。高频功率放大器用于对______信号进行功率放大，其工作频率______，但相对频带很______。它采用______负载，此时又称为谐振功率放大器。为了提高效率，高频功率放大器多工作于______状态。

2．从电路性质来看，低频功率放大器工作于______情况，属于______电路，而高频功率放大器工作于________情况，属于________电路。

3．谐振功率放大器的输出电流虽然是失真很大的______波形，但由于谐振回路的滤波作用，放大器仍能输出________电压。

4．谐振功率放大器工作在丙类放大状态，晶体管的基极要加上__________电压。

5．使用示波器显示波形时，________不宜开得过亮，以免影响示波管的使用寿命。

6．使用示波器测量电压时，被测信号的____________不应超过示波器输入端允许的________。

7．使用示波器测量频率时，可以采用间接测量的方法进行，即先测得被测信号的________，然后核算出________。

二、选择题

1．功率放大电路与电压放大电路的区别是（　　）。

A．前者比后者电源电压高　　B．前者比后者电压放大倍数大

C．前者比后者效率高　　D．前者比后者失真小

2．谐振功率放大器主要用于无线通信系统的（　　）。

A．发送设备　　B．接收设备

C．发送设备与接收设备　　D．电源设备

3．谐振功率放大器与小信号调谐放大器的区别是（　　）。

A．谐振功率放大器比小信号调谐放大器电源电压高

B．谐振功率放大器比小信号调谐放大器失真小

C．谐振功率放大器工作在丙类状态，小信号调谐放大器工作在甲类状态

D．谐振功率放大器输入信号小，小信号调谐放大器输入信号大

4．高频功率放大器主要工作在（　　）状态。

A．甲类　　B．乙类　　C．甲乙类　　D．丙类

5．在高频放大器中，多用调谐回路作为负载，其作用不包括（　　）。

A．选出有用频率　　B．滤除谐波成分

C．阻抗匹配　　D．产生新的频率成分

6. 在谐振功率放大器中，谐振回路具有（　　）功能。

A. 滤波　　B. 滤波和阻抗匹配

C. 阻抗匹配　　D. 功率放大

7. 在输入信号的整个周期内，集电极电流仅在小于输入信号的半个周期内有电流流通的称为（　　）状态。

A. 丙类　　B. 乙类　　C. 甲类　　D. 甲乙类

8. 关于丙类高频功率放大器晶体管导通角 θ 的说法正确的是（　　）。

A. θ 是指一个信号周期内集电极电流导通角

B. θ 是指一个信号周期内集电极电流导通角的一半

C. θ 是指一个信号周期内集电极电流导通角的两倍

D. 以上答案均不正确

9. 丙类高频功率放大器晶体管的导通角（　　）。

A. $\theta=180°$　　B. $90°<\theta<180°$　　C. $\theta=90°$　　D. $\theta<90°$

10. 丙类谐振功率放大器的集电极电流 i_C 波形和 C－E 间交流电压 u_{CE} 波形为（　　）。

A. i_C 和 u_{CE} 均为余弦波　　B. i_C 和 u_{CE} 均为余弦脉冲

C. i_C 为余弦波，u_{CE} 为余弦脉冲　　D. i_C 为余弦脉冲，u_{CE} 为余弦波

三、判断题

1. 丙类放大器的直流耗散功率比乙类放大器要小。（　　）

2. 谐振功率放大器采用丙类放大器的目的在于降低晶体管的集电极耗散功率，最终提高输出功率和效率。（　　）

3. 高频功率放大器功放管集电极负载是 LC 并联谐振回路，它调谐在输入信号频率上。（　　）

4. 谐振功率放大器的输出电流是余弦脉冲波形。（　　）

5. 在谐振功率放大器中，晶体管的集电极负载是 LC 并联谐振回路，回路调谐在输出信号的基波频率上。（　　）

6. 谐振功率放大器的输出电压是正弦波电压。（　　）

7. 高频功率放大器和负载之间的阻抗匹配与小信号放大器中的阻抗匹配是同一个概念。（　　）

8. 高频功率放大器的阻抗匹配是指在一定条件下，负载折合到晶体管输出端的等效负载电阻，要等于在所要求的输出功率下放大器的最佳负载电阻。（　　）

四、综合题

1. 高频功率放大器与低频功率放大器有哪些异同点？

2. 小信号谐振放大器与谐振功率放大器的主要区别是什么？

3. 高频功率放大器为什么要用谐振回路作负载，并且要调谐在工作频率上？

4. 为什么丙类谐振功率放大器的发射极电流为尖脉冲，而集电极电压波形却为正弦波？

5. 什么是高频功率放大器输出级最佳负载？能否用负载电阻等于信号源内阻获得最大输出功率？

课题三　调制电路和解调电路应用

任务 1　调幅电路的安装和调试

一、填空题

1. 所谓调制就是________________________________的过程。

2. 载波 $u_c(t) = U_{cm}\cos(\omega_c t + \varphi) = U_{cm}\cos(2\pi f_c t + \varphi)$ 中，U_{cm} 为______________，f_c 为______________，φ 为______________。

3. 利用基带信号来控制高频正弦波振荡信号的________、________、________这三个参数中的某一个参数，就相应得到________、________和________三种调制方式。

4. 调幅方式的特点是载波的______和________不变，载波的______按照基带信号的变化规律变化。

5. 调频方式的特点是载波的______不变，载波的________按照基带信号的变化规律变化。

6. 从调幅波中恢复调制信号的过程称为______；从调频波中恢复调制信号的过程称为______。

7. 最基本的调幅发射系统主要由______________、______________、话筒、____________、____________和发射天线等组成。

8. 调幅可分为________、_________、_________和_________等方式。

9. 调幅波峰值的包络线是按照______信号的规律变化的，所以调幅波中包含着所要传送的______信号的信息。

10. 普通调幅波的数学表达式为______________________，为了实现不失真调幅，调幅指数 M_a 应该满足__________。

11. M_a 与调制信号________成比例，调制信号_____越大，M_a 也越大。M_a 越大，调幅波中携带的调制信号_____越大，接收机解调后得到的信号就越强。

12. 在双踪示波器中观察到如图 3—1—1 所示的调幅波，根据所给出的数值，它的调幅指数 M_a 应为______。

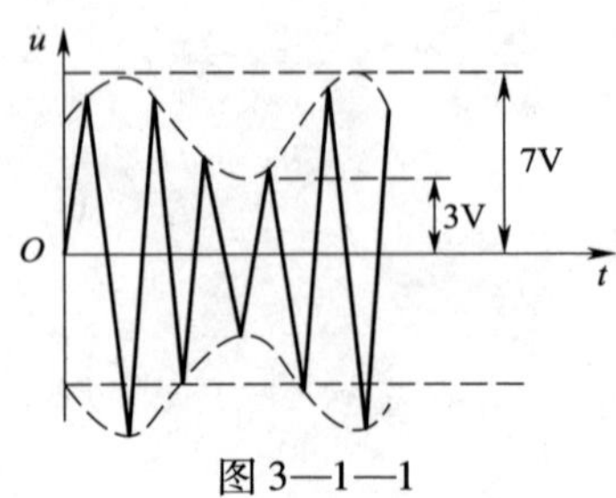

图 3—1—1

13．调幅过程实质上是一种________过程，单一频率信号经过调幅后，调幅信号的频谱包含________、________和________三种分量。

14．调幅信号的频谱宽度 BW 与调制信号频谱宽度 F 的关系是________。

15．我国规定调幅广播电台所发射的调幅波允许占用的带宽为 9 kHz，即最高调制频率限制在________Hz 以内。

16．调幅电路由________和________组成。

17．高电平调幅电路一般置于发射机的________级，它将________和________合二为一，调制后的信号不需要再放大就可以直接发送出去，其突出的优点是________高，主要用来产生________信号。

18．低电平调幅电路一般在发射机的______级，它将________和________分开，调制后的信号电平较低，还需要经过功率放大后达到一定的发射功率再发送出去，其突出的优点是能获得________的调幅波，可用来产生________调幅、________调幅和________调幅等信号。

19．基极调幅电路实质上是一个________的谐振功率放大电路。为了有效地实现基极调幅，调制器必须工作在______状态。

二、选择题

1．以下关于调制的描述正确的是（　　）。

A．用载波信号去控制调制信号的某一个参数，使该参数按特定的规律发生变化

B．用调制信号去控制载波信号的某一个参数，使该参数按特定的规律发生变化

C．用调制信号去控制载波信号的某一个参数，使该参数随调制信号的规律发生变化

D．用载波信号去控制调制信号的某一个参数，使该参数随载波信号的规律发生变化

2．下列关于调幅的描述不正确的是（　　）。

A．调幅就是用低频信号去控制高频信号振幅的过程

B．调幅后得到的调幅波中有低频信号成分

C．调幅后得到的调幅波中没有低频信号成分

D．调幅波由三种高频等幅信号组成

3．调幅的本质是（　　）搬移的过程。

A．振幅　　B．频谱　　C．相位　　D．初相

4．调幅波的信息包含在它的（　　）。

A．频率变化之中　　B．幅度变化之中

C．相位变化之中　　D．初相变化之中

5．对于一个调幅波，调幅指数 M_a =（　　）。

A．$kU_{\Omega m}$　　B．kU_{cm}　　C．$kU_{cm}/U_{\Omega m}$　　D．$kU_{\Omega m}/U_{cm}$

6．调幅指数 M_a 必须（　　）。

A．大于 1　　B．小于等于 1　　C．等于 1　　D．不等于 1

7．某单频调制的普通调幅波的最大振幅为 10 V，最小振幅为 6 V，则调幅指数 M_a 为（　　）。

A. 0.6　　B. 0.4　　C. 0.25　　D. 0.1

8. 调幅制的发射机是把载波和上下边带一起发射到空中去的，其中有用信号是（　　）。

A. 载波　　B. 上边带　　C. 下边带　　D. 上、下边带

9. 单音调制的AM信号由（　　）、（　　）和（　　）频率成分组成。

A. F　　B. f_c　　C. f_c+F　　D. f_c-F

10. AM信号的中心频率是（　　），它与调制信号（　　），中心频率（　　）调制信号的信息。

A. F　　B. f_c　　C. 有关　　D. 无关

E. 包含　　F. 不包含

11. AM信号的信息包含在（　　）中。设载波信号的幅度为U_{cm}，则上、下边频的幅度为（　　）。

A. 调制信号　　B. 载波　　C. 边频　　D. $U_{cm}/2$

E. $M_a U_{cm}/2$

12. 单音调制的AM信号的频宽BW与调制信号的频率F的关系为（　　）。

A. $BW=F$　　B. $BW=2F$　　C. $BW=F/2$　　D. 不能确定

13. 若调制信号的频率范围为$F_1 \sim F_n$，则已调波的带宽为（　　）。

A. $2F_1$　　B. $2F_n$　　C. 2（$F_n \sim F_1$）　　D. 2（F_n+F_1）

14. 用5 kHz的调制信号来对1 000 kHz的载波进行调幅时，得到的频宽为（　　）。

A. 995 kHz　　B. 1 005 kHz　　C. 5 kHz　　D. 10 kHz

15. 某调幅广播电台的音频调制信号频率范围为100 Hz ~ 8 kHz，则已调波的带宽为（　　）。

A. 4 kHz　　B. 8 kHz　　C. 16 kHz　　D. 200 kHz

16. 电视图像的带宽为6MHz，若采用普通调幅，则每一频道电视图像信号带宽为（　　）。

A. 6 MHz　　B. 8 MHz　　C. 10 MHz　　D. 12 MHz

17. 在调幅制发射机的频谱中，功率消耗最大的是（　　）。

A. 载波　　B. 上边带

C. 下边带　　D. 上、下边带之和

18. 基极调幅的优点是（　　）。

A. 输出功率较大　　B. 效率高

C. 所需低频功率小　　D. 失真小

19. 调制器和解调器分别应用在通信系统的（　　）。

A. 接收端、发送端　　B. 发送端、接收端

C. 接收端、接收端　　D. 发送端、发送端

20. 低频信号发生器的频率波段旋钮为100 Hz ~ 1 kHz，“×1”旋钮在“4”、“×0.1”旋钮在“6”、“×0.01”旋钮在“5”，则此时仪器输出信号的频率为（　　）。

A. 465 Hz　　B. 465 kHz　　C. 46.5 Hz　　D. 46.5 kHz

三、判断题

1. 载波通常采用频率不变、振幅呈周期性变化的正弦波。 （ ）

2. 正弦波的三要素为幅度、频率和初相位，控制其中任何一个要素均可实现调制。 （ ）

3. 用于调幅的调制信号只能是单一频率的正弦波。 （ ）

4. 调制信号和载波信号线性叠加也能得到调幅波。 （ ）

5. 调幅过程实质上是一种频谱搬移过程。 （ ）

6. AM 信号中的调制信号信息包含在已调信号的上、下边带和载频 f_c 中。 （ ）

7. 调幅波的频谱中，真正需要的信号是上、下边带中的各种频率成分，而载波只是起“装载”上、下边带的作用。 （ ）

8. 两个信号相比较，如果一个信号的频谱比另一个信号宽，则它的幅度一定比另一个信号的幅度大。 （ ）

9. 已知某普通调幅波上包络的最大值为 10 V、最小值为 6 V，则调幅指数为 0.4。 （ ）

10. DSB 调幅波中所包含的频率成分有载频和上、下边频。 （ ）

11. 普通调幅波的带宽等于调制信号最高频率的两倍。 （ ）

12. 晶体管实现的调幅电路属于高电平调幅电路。 （ ）

13. 模拟乘法器是非线性器件，因此不能实现频谱的线性搬移。 （ ）

14. 低频信号发生器能输出调幅信号。 （ ）

四、综合题

1. 为什么在传输无线电信号时要进行调制？

2. 调幅发射机的方框图如图 3—1—2 所示，若天线发射的是单音已调波信号，画出各方框输出的波形图，并简述发射机的工作原理。

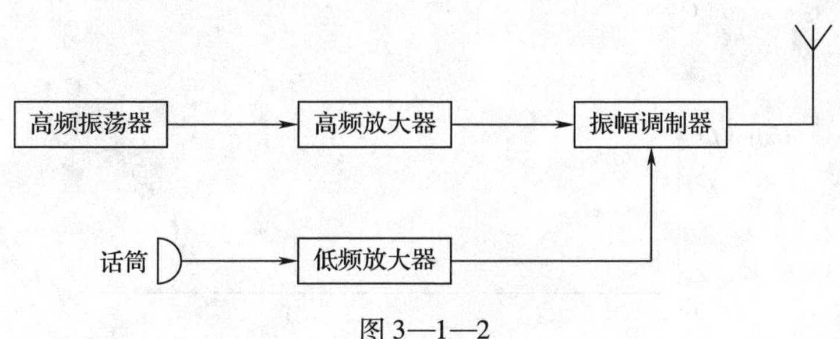

图 3—1—2

3. 图 3—1—3 所示为单音频调制信号和载波的频谱示意图，画出 AM 调幅信号的频谱示意图。

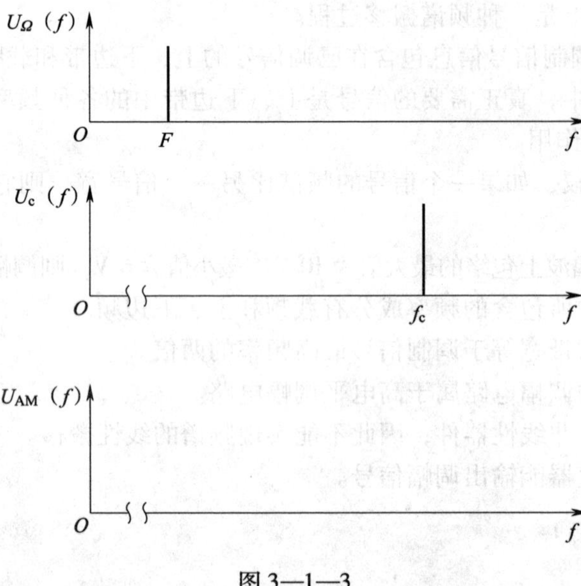

图 3—1—3

4. 图 3—1—4 所示为频率范围为 $F_1 \sim F_n$ 的调制信号和载波的频谱示意图，画出 AM 调幅信号的频谱示意图。

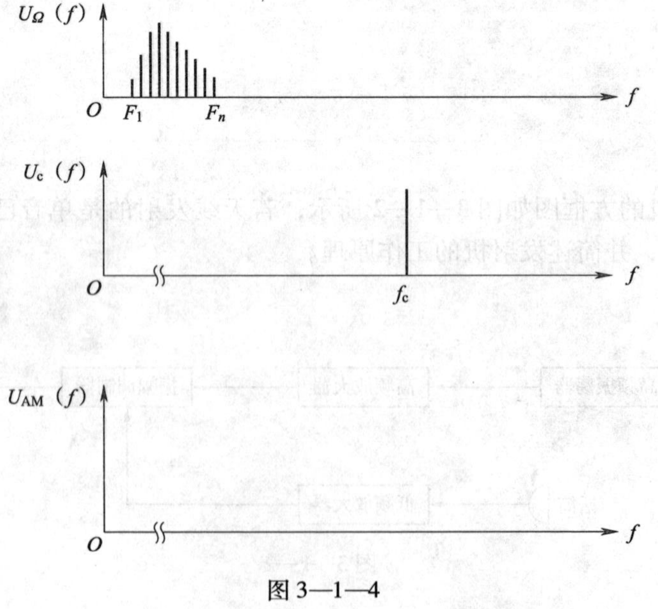

图 3—1—4

5. 已知载波 $u_c(t)=5\cos(2\pi\times10^6t)$(V)，调制信号 $u_\Omega(t)=2\cos(2\pi\times10^3t)$(V)，设调幅灵敏度 $k_a=1$。

（1）写出调幅波的表达式。

（2）求调幅指数 M_a 及频带宽度 BW。

（3）画出调幅波的波形和频谱图。

任务 2　检波器的安装和调试

一、填空题

1. 超外差式调幅收音机主要由输入电路、________、________、________、AGC 电路、低频前置放大器、低频功率放大器和扬声器等组成。

2. 超外差式调幅收音机的特点是____。

3. 检波是________的相反过程，也就是接收机从________中取出________信号的过程。

4. 检波器主要是由________、________和________组成。

5. 按照输入信号（调幅波）大小不同，检波器可以分为________检波器和________检波器。按照检波方法不同，检波器又可分为________检波器和________检波器。

6. 包络检波器是指输出电压与____________成正比的检波器，包络检波器只适用于__________的解调。

7. 同步检波器又称为________检波器，主要用于对__________调幅波和________调幅波进行解调，也可以用来解调________调幅波。

8．按照所用非线性器件的不同，检波器可以分为__________检波器、__________检波器、__________检波器和_________________检波器等。

9．二极管峰值包络检波器主要由____________、_______________和_______________三部分组成。

10．二极管峰值包络检波过程是利用二极管的________特性和检波器负载 RC 的________过程实现的。

11．在大信号包络检波器中，若电路参数选择不当会产生两种失真，一种是__________，另一种是_________________。这两种失真产生的原因分别是________________________和____。

12．超外差式收音机的增益主要是靠__________级来担任的，因此，一般都是通过控制__________级的增益来实现自动增益控制。

13．基极电流 AGC 电路的基本原理是：利用检波电路输出的____________来控制中放第一级晶体管的____________，从而改变中放电路的增益，达到实现自动增益控制的目的。

14．二次 AGC 电路控制增益的方法一般是通过改变阻尼二极管的________，进而改变谐振回路的________值，从而改变中频放大电路的增益。

15．同步检波器是利用一个与输入调幅波的载波_______________的本地载波信号电压与该调幅波相乘，再通过____________滤除高频分量而获得调制信号。

二、选择题

1．将已调波中的低频信号成分取出来的过程称为（　　）。

A．调频　　B．调幅　　C．调制　　D．解调

2．检波的实质是（　　）。

A．频谱搬移，把载波信号从高频搬到低频

B．频谱搬移，把边带信号从高频搬到低频

C．频谱搬移，把边带信号不失真地从载波频率附近搬到零频率附近

D．频谱搬移，把载波信号不失真地从载波频率附近搬到零频率附近

3．调幅电路、检波器和变频器都是由非线性器件和滤波器组成的，但所用的滤波器有所不同，它们分别使用（　　）、（　　）和（　　）。

A．低通滤波器　　B．高通滤波器　　C．带通滤波器　　D．带阻滤波器

4．调幅信号的检波利用（　　）。

A．线性器件获得低频信号

B．电容的充放电获得直流信号

C．非线性器件的频率变换作用获得低频信号

D．非线性器件的频率变换作用获得直流信号

5．DSB 信号的检波采用（　　）。

A．小信号检波　　B．大信号检波　　C．包络检波　　D．同步检波

6．SSB 信号的检波采用（　　）。

A．小信号检波　　B．大信号检波　　C．包络检波　　D．同步检波

7．二极管峰值包络检波器适用于（　　）的解调。

A．单边带调幅波　　B．抑制载波双边带调幅波

C．普通调幅波　　D．残留边带调幅波

8．检波、滤波后的信号成分有（　）。

A．调幅波、低频、直流　　B．等幅载波和上、下边频

C．等幅载波、低频、直流　　D．低频信号

9．惰性失真和负峰切割失真是下列（　　）特有的失真。

A．小信号平方律检波器　　B．大信号包络检波器

C．同步检波器　　D．以上答案均不正确

10．在大信号峰值包络检波器中，由于检波电容放电时间过长而引起的失真是（　）。

A．频率失真　　B．惰性失真　　C．负峰切割失真　　D．截止失真

11．一个二极管峰值包络检波器，原电路正常工作，若负载电阻加倍，（　）。

A．会引起惰性失真　　B．会引起底部切割失真

C．会引起惰性失真和底部切割失真　　D．不会引起失真

12．一个二极管峰值包络检波器，原电路正常工作，若加大调制信号频率 F，（　）。

A．会引起惰性失真　　B．会引起底部切割失真

C．会引起惰性失真和底部切割失真　　D．不会引起失真

13．AGC 电路的作用是（　）。

A．维持工作频率稳定

B．消除频率误差

C．消除相位误差

D．使输出信号幅度保持恒定或仅在很小的范围内变化

14．同步检波器要求接收端载波与发射端载波（　　）。

A．频率相同、幅度相同　　B．相位相同、幅度相同

C．频率相同、相位相同　　D．频率相同、相位相同、幅度相同

15．图 3—2—1 中，$u_s(t)=U_{sm}\cos\Omega t\cos\omega_c t(\mathrm{V})$，$u_r(t)=U_{rm}\cos\omega_c t(\mathrm{V})$，该框图能实现的功能是（　　）。

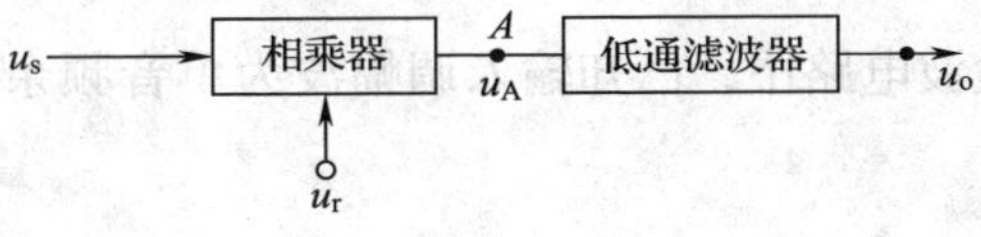

图 3—2—1

A．振幅调制　　B．检波　　C．混频　　D．鉴频

三、判断题

1．检波器属于一种频谱搬移电路。（　　）

2．检波器可以实现从中频调幅信号提取出音频信号。（　　）

3．检波是调幅的逆过程。（　　）

4．二极管峰值包络检波器仅用于普通调幅波的解调。（　　）

5．检波器中的输入电路负责选取高频调幅信号。（　　）

6. 检波器中的低通滤波器负责滤除无用的频率成分，取出原调制信号。（　　）

7. 二极管检波器 RC 时间常数过小，会产生惰性失真。（　　）

8. 二极管峰值包络检波器原来无失真，但当输入已调波信号幅度增大时，将可能产生负峰切割失真。（　　）

9. 检波器产生负峰切割失真的根本原因是交流、直流负载电阻不相等。（　　）

10. 自动增益控制电路能在弱信号时使增益变大，在强信号时使增益下降，以使输出基本不变。（　　）

11. 二次 AGC 电路进一步提高了收音机对强信号的控制能力，能够有效地防止由于接收信号过强所造成的失真或堵塞现象。（　　）

12. 二次 AGC 电路具有自动调整通频带的作用。（　　）

13. 同步检波可用来解调任何类型的调幅波。（　　）

四、综合题

1. 图 3—2—2 为超外差式调幅收音机方框图，补充该框图以实现调幅接收功能。

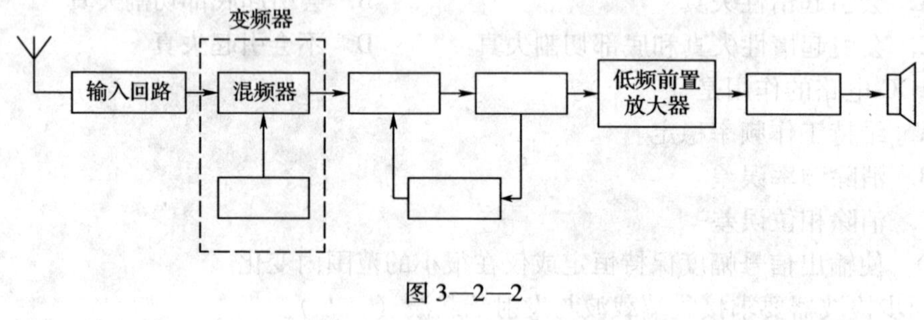

图 3—2—2

2. 图 3—2—3 所示检波电路中，已知输入调幅波为单音频余弦波调幅信号，画出 u_{AM}、u_o、u_Ω 的波形图。

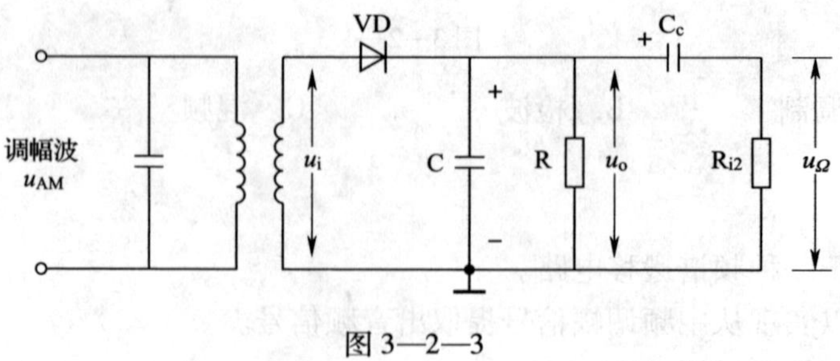

图 3—2—3

3. 二极管峰值包络检波器中，若把二极管极性反接，是否能起到检波作用？若能，则输出波形与原电路有什么不同？

4. 简述AGC电路的作用。对AGC电路的要求是什么？比较自动增益控制与电子电路中的负反馈控制有哪些异同点？

5. 用模拟乘法器既可以进行混频，又可以进行检波，它们主要的不同点是什么？

任务3 调频电路的安装和调试

一、填空题

1. 调频是让载波的________按照调制信号规律变化的一种调制方式。调频获得的已调波称为__________。

2. 频率调制与解调、振幅调制与解调、混频等电路是通信系统的基本组成电路。它们的共同特点是将输入信号进行______________，以获得所需要的输出信号，因此，这些电路都属于______搬移电路。

3. 调频波是一个瞬时频率与调制信号________________成正比变化的等幅波，频偏仅与调制信号电压的________成正比关系，而与调制信号的________无关。

4. 调频指数 M_f 与______________成正比，与________________成反比。调制信号幅度越大，最大频偏越____，调频指数也越____。

5. 由单音频调制信号所产生的调频波频谱，除载频成分外，在载频两侧对称地有________个的边频，相邻边频之间的频率间隔等于__________________________，边频的幅度则取决于______________________和______________________。

6. 我国规定调频广播最大频偏为____________，要传送的最高音频信号频率为 15 kHz，则调频指数为____________，所传输的调频信号有效频带宽度为____________。

7. 我国电视伴音传输采用________制，规定电视伴音已调信号的最大频偏为________，所以电视伴音已调信号的带宽为__________。国家规定电视伴音的带宽为__________，比理论计算值宽裕得多，有利于提高伴音质量。

8. 调频与调幅相比较具有以下特点：____、________________________________、________________________________。

9. 频带宽度与调制指数有关，即调制指数大，频带______。

10. 在发射机发射总功率中，边频功率与调制指数有关，调制指数越大，边频功率越______。

11. 实现调频有________调频和________调频两种基本方法。

12. 直接调频是由调制信号控制载波振荡器中____________的参数，从而使____________随调制信号的大小而变化。

13. ______________________________________就是 PN 结的变容效应。

14. 变容二极管是根据半导体 PN 结的结电容能随____________变化而制成的一种半导体二极管，它是一种________控制可变电抗器件。

15. 利用变容二极管进行调频时，调制信号的变化会使变容二极管的__________发生改变，即改变了_________________________，也就是改变了________________。

二、选择题

1. 以下关于调频的描述正确的是（　　）。

   A. 用调制信号去控制载波信号的频率，使载波信号的频率随调制信号的规律而变化

   B. 用载波信号去控制调制信号的频率，使载波信号的频率随调制信号的规律而变化

   C. 用调制信号去控制载波信号的频率，使调制信号的频率随载波信号的规律而变化

   D. 用载波信号去控制调制信号的频率，使调制信号的频率随载波信号的规律而变化

2. 在无线电广播发射机中，高频信号振荡器的作用是（　　）。

A. 产生调制信号　　B. 产生载频信号

C. 其放大作用　　D. 将声音信号转变为电信号

3. 在无线电广播发射机中，采用缓冲放大器的主要目的是（　　）。

A. 选频　　B. 放大　　C. 倍频　　D. 稳频

4. 在电视广播系统中，伴音信号采用（　　）。

A. 普通调幅方式　　B. 残留边带调幅方式

C. 调频方式　　D. 调相方式

5. 若已知某电台本振信号的频率为 92.7 MHz，则接收信号的频率为（　　）。

A. 10.7 MHz　　B. 82 MHz　　C. 103.4 MHz

6. 以下属于非线性频谱搬移过程的是（　　）。

A. 振幅调制　　B. 调幅波的解调

C. 混频　　D. 频率调制

7. 已知载波 $u_c = U_{cm}\cos\omega_c t$，调制信号 $u_\Omega = U_{\Omega m}\cos\Omega t$，则 FM 波的表达式为（　　）。

A. $u_{FM} = U_{cm}\cos(\omega_c t + M_f\sin\Omega t)$　　B. $u_{FM} = U_{cm}\cos(\omega_c t + M_f\cos\Omega t)$

C. $u_{FM} = U_{cm}\cos(\omega_c t - M_f\sin\Omega t)$　　D. $u_{FM} = U_{cm}\cos(\omega_c t - M_f\cos\Omega t)$

8. 调频波的调频灵敏度 k_f 为（　　）。

A. $U_{\Omega m}/\Omega$　　B. $\Delta\omega_m$　　C. $\Delta\omega_m/\Omega$　　D. $\Delta\omega_m/U_{\Omega m}$

9. 调频指数 M_f（　　）。

A. 大于 1　　B. 小于 1

C. 为 0 ~ 1　　D. 大于 1 或小于 1 均可

10. 调频波的瞬时频率与中心频率 f_0 的差值称为（　　）。

A. 频偏　　B. 频宽　　C. 上边频　　D. 下边频

11. 当调制信号瞬时值为 0 时，调频波的频率等于（　　）。

A. 中心频率　　B. 最高频率　　C. 最低频率　　D. 瞬时频率

12. 已知调频波的最高瞬时频率为 f_{max}，最低瞬时频率为 f_{min}，则最大频偏可表示为（　　）。

A. f_{max}/f_{min}　　B. $(f_{max} - f_{min})/2$

C. $(f_{max} + f_{min})/2$　　D. $(f_{max} - f_{min})/(f_{max} + f_{min})$

13. 给定调频波的 $\Delta f_m = 12$ kHz，若调制信号频率 F 为 3 kHz，则调频波的频带宽度 BW 为（　　）。

A. 40 kHz　　B. 24.6 kHz　　C. 30 kHz　　D. 6 kHz

14. 调频广播最大频偏为 ±75 kHz，要传送的最高音频信号频率为 15 kHz，则调频信号的带宽 BW 应为（　　）。

A. 15 kHz　　B. 30 kHz　　C. 150 kHz　　D. 180 kHz

15. 单频调制时，调频波的最大频偏 Δf_m 正比于（　　）。

A. Ω　　B. $U_{\Omega m}/\Omega$　　C. $U_{\Omega m}$　　D. $\Omega/U_{\Omega m}$

16. 不属于调频信号抗干扰能力强的原因的是（　　）。

A. 频带宽　　B. 信噪比大　　C. 调频指数高　　D. 信号幅度大

17. 调频信号的频带宽，所以必须工作在（　　）。
A. 中波波段　　B. 短波波段　　C. 超短波波段　　D. 长波波段

18. 直接调频与间接调频相比，以下说法正确的是（　　）。
A. 直接调频频偏较大，中心频率稳定
B. 间接调频频偏较大，中心频率不稳定
C. 直接调频频偏较大，中心频率不稳定
D. 间接调频频偏较大，中心频率稳定

19. 在变容二极管直接调频电路中，变容二极管应工作在（　　）状态。
A. 正向偏置　　B. 零偏置　　C. 反向偏置　　D. 任意

20. 模拟乘法器 MC1496 的应用很广泛，可以用做除（　　）之外的电路。
A. 振幅调制　　B. 调幅波的解调　　C. 频率调制　　D. 混频

三、判断题

1. 调制器应用在通信系统的发送端，解调器应用在通信系统的接收端。（　　）
2. 调频波载波的振幅始终保持不变，而频率却随着调制信号而变化。（　　）
3. 电视广播的伴音信号与图像信号一样采用调幅制。（　　）
4. 调频波波形的疏密反映了载波的频率随调制信号变化的规律。（　　）
5. 调频波的频偏与调制信号的频率成正比关系，而与调制信号的振幅无关。（　　）
6. 频率调制属于线性调制，振幅调制属于非线性调制。（　　）
7. 频率调制属于非线性频谱搬移过程，振幅调制属于线性频谱搬移过程。（　　）
8. 调频指数表示调频波中相位偏移的大小。（　　）
9. 调幅指数和调频指数既可小于 1，也可大于 1。（　　）
10. 调频指数越大时，调频波的频带越宽。（　　）
11. 调频系统的频带越宽，信号失真越小。（　　）
12. 调频制的抗干扰性能优于调幅制是因为调频信号的频带宽，边频分布功率强，信噪比大。（　　）
13. 调幅波的频谱只有一对边频，而调频波的频谱有无数对边频。（　　）
14. 与调幅波相比较，调频波的有效频带要宽得多。（　　）
15. 直接调频电路实际上就是一个瞬时频率受调制信号控制的振荡器。（　　）
16. 直接调频的频率稳定度比间接调频高。（　　）
17. 直接调频可以获得相对较大的频偏，间接调频可能得到的最大频偏较小。（　　）
18. 加在变容二极管两端的反向偏压越大，其结电容越小。（　　）

四、综合题

1. 已知载波信号频率 $f_c = 25$ MHz，振幅 $U_{cm} = 4$ V；调制信号为单频余弦波，频率 $F = 400$ Hz，最大频偏 $\Delta f_m = 10$ kHz。

（1）求调频指数 M_f 和有效带宽 BW。

（2）写出调频波的数学表达式。

2. 已知调频波的表达式为 $u_{FM}=10\cos[2\pi\times50\times10^6t+5\sin(2\pi\times10^3t)]$ (V)，调频灵敏度 $k_f=10$ kHz/V。

（1）求该调频波的调频指数 M_f、最大频偏 Δf_m 和有效带宽 BW。

（2）写出载波和调制信号的表达式。

3．简述直接调频的优点和缺点。

4．简述由电容式话筒构成的调频发射机的优点和缺点。

5．在变容二极管直接调频电路中，如果加在变容二极管上的交流（调制信号）电压振幅超过直流偏压的绝对值，对调频电路有什么影响？

6. 图 3—3—1 所示为变容二极管直接调频电路，画出振荡部分交流通路，分析调频电路的工作原理，并说明各主要元件的作用。

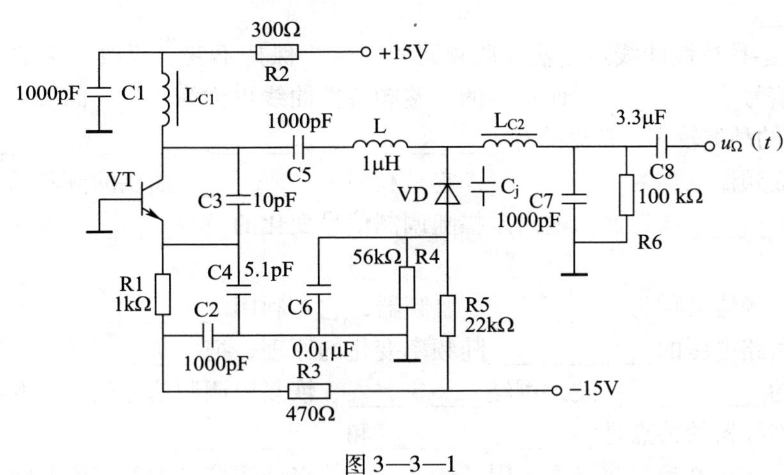

图 3—3—1

任务 4　鉴频器的安装和调试

一、填空题

1. 超外差式调频收音机主要由输入电路、变频器、中频放大器、________、________、________、前置放大器、低频功率放大器和扬声器等组成。

2. 调频波是一个________高频振荡信号，调制信号的变化规律反映在高频振荡信号的________变化上，而不像调幅波那样反映在高频振荡信号的________变化上。

3. 调频波的解调称为频率检波，简称________。调频波若采用调幅波的解调方法进行检波，只能得到与调频波________成比例的直流电压，不能解调出原来的调制信号。

4. 调频波解调的一般方法是先将调频波的________变化变换为相应的________变化，也就是把________调频波变换为相应的________调频波，然后再用________对这种调幅波进行检波，取出原调制信号。

5. 鉴频器通常应该由两个部分组成：一部分是________的电路，另一部分是________。

6. 鉴频器的主要特性是________特性，也就是它的________与输入调频波______之间的关系。

7. 鉴频器一般由两大部分组成：一部分是______________，另一部分是______________。

8. 典型的鉴频特性曲线是在输入调频波的______保持不变，仅改变它的______时，测量鉴频器输出信号__________而得到的。鉴频特性曲线也称为______曲线。

9. 鉴频器的种类较多，常见的有____________、____________和____________。

10. 斜率鉴频器也称为__________，它是利用__________曲线的倾斜部分，将输入振幅一定的__________波转换为输出振幅随调制信号变化的__________波，进而实现频率检波的。

11. 相位鉴频器又称为__________鉴频器，它是利用__________谐振电路的一次侧回路和二次侧回路电压的__________随频率变化的原理，把__________波转变为幅度随瞬时频率变化的__________波，再经__________恢复原调制信号的一种鉴频电路。

12. 相位鉴频器的特点是____________和____________。

13. 调频信号在鉴频之前，需要用__________将调频信号中的寄生调幅消除。

14. 比例鉴频器除了对调频波有频率解调作用外，还具有一定的__________作用。

15. 乘积型相位鉴频器由____________、____________和____________组成。

16. 调频信号先经过____________变成调相调频波，然后将调相调频波与原调频波在______________中进行相位比较，再经____________滤波，就得到与原调频波瞬时频率变化成正比的调制信号。

17. 扫频仪与被测电路相连接时，必须考虑__________问题。

二、选择题

1. 以下关于鉴频的描述正确的是（　　）。

A. 调幅信号的解调　　B. 调频信号的解调

C. 调相信号的解调　　D. 载波信号的解调

2. 调频信号的解调的过程是（　　）。

A. 用检波器检波　　B. 先检波后鉴频

C. 先鉴频后检波　　D. 同时进行检波和鉴频

3. 如图 3—4—1 所示，斜率鉴频方法正确的是（　　）。

A. $u_{FM}(t)$ → 频率–振幅变换 → 低通滤波 → $u_{\Omega}(t)$

B. $u_{FM}(t)$ → 频率–相位变换 → 包络检波 → $u_{\Omega}(t)$

C. $u_{FM}(t)$ → 频率–振幅变换 → 包络检波 → $u_{\Omega}(t)$

D. $u_{FM}(t)$ → 频率–相位变换 → 低通滤波 → $u_{\Omega}(t)$

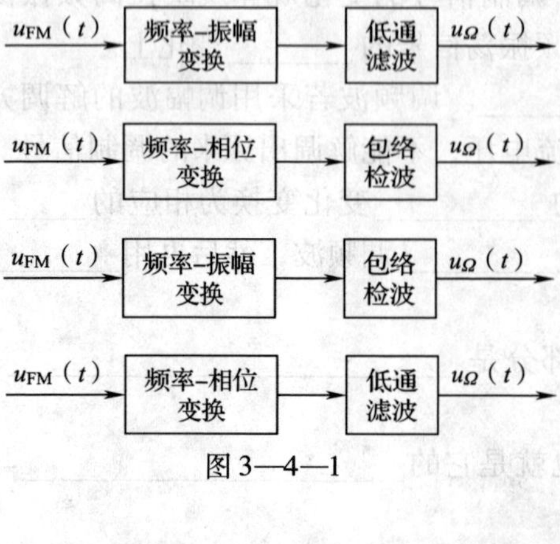

图 3—4—1

4. 为提高鉴频灵敏度，应将（　　）。

A. S 曲线的斜度调大　　B. S 曲线的斜度调小

C. S 曲线的线性范围调大　　D. S 曲线的线性范围调小

5. 在相位鉴频器中，调频波的瞬时频率越低于中心频率，鉴频器的输出电压就（　　）。

A. 越大　　B. 越小　　C. 不确定　　D. 保持不变

6. 调频制与调幅制比较，抗干扰性能强的是（　　），发射机功率管利用率高的是（　　），信号传输保真度高的是（　　），必须工作在超短波以上波段的是（　　），接收机简单的是（　　）。

A. 调幅制　　B. 调频制

C. 既不是调幅制也不是调频制　　D. 调幅制和调频制

7. 用 BT－3 型扫描仪测量某网络，当扫频信号"输出衰减"为 0 dB 时，网络输出的曲线在屏幕上显示为 6 格，若检波探头直接和扫频输出端短接，"输出衰减"为 12 dB 时，屏幕上的电压线是 6 格，则此网络的（　　）。

A. 增益是 12 dB　　B. 衰减是 12 dB　　C. 增益是 0 dB　　D. 增益是 6 dB

8. 用扫频仪测量某网络，当"输出衰减"开关置于 65 dB 时，屏幕上的曲线高度为 5 格，将检波探头与扫频输出电缆直接相连，重调"输出衰减"开关至 12 dB 时屏幕上两根水平线仍为 5 格，则此网络为（　　）。

A. 放大 77 dB　　B. 放大 53 dB　　C. 衰减 77 dB　　D. 衰减 53 dB

三、判断题

1. 鉴频特性曲线为线性曲线。（　　）

2. 鉴频灵敏度是指在调频波的中心频率附近，单位频偏所产生的输出电压的大小，鉴频灵敏度越大越好。（　　）

3. 单失谐回路斜率鉴频器的鉴频特性就是单调谐回路的幅频特性。（　　）

4. 单失谐回路斜率鉴频器非线性失真大，质量不高。（　　）

5. 双失谐回路斜率鉴频器的非线性失真小，输出电压比单失谐回路斜率鉴频器大得多。（　　）

6. 斜率鉴频器和相位鉴频器均具有克服噪声干扰的能力。（　　）

7. 相位鉴频器和斜率鉴频器都有包络检波器存在。（　　）

8. 比例鉴频器兼有限幅和鉴频功能。（　　）

9. 比例鉴频器输出电压的振幅只取决于两个振幅检波器输入电压振幅的比例或比值。（　　）

10. 在电路参数相同的情况下，比例鉴频器的输出电压仅为相位鉴频器的一半，即比例鉴频器的灵敏度较低。（　　）

四、综合题

1. 图 3—4—2 所示为调频收音机的结构框图，补齐空白部分，并说明它们的功能。

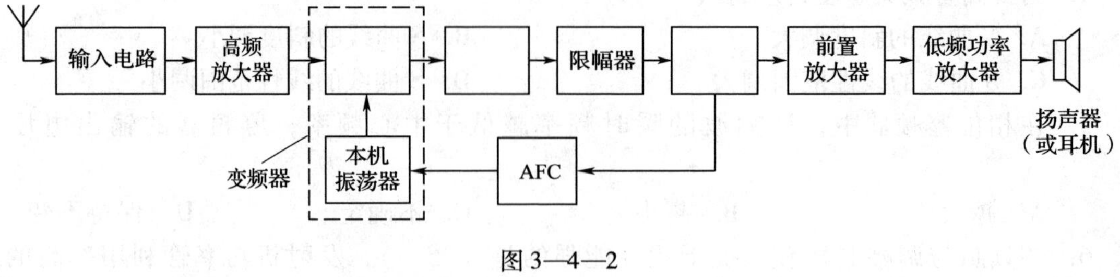

图 3—4—2

2．鉴频器的作用是什么？鉴频器有哪些性能要求？

3．图 3—4—3 所示为鉴频器的鉴频过程方框图，补齐空白部分。

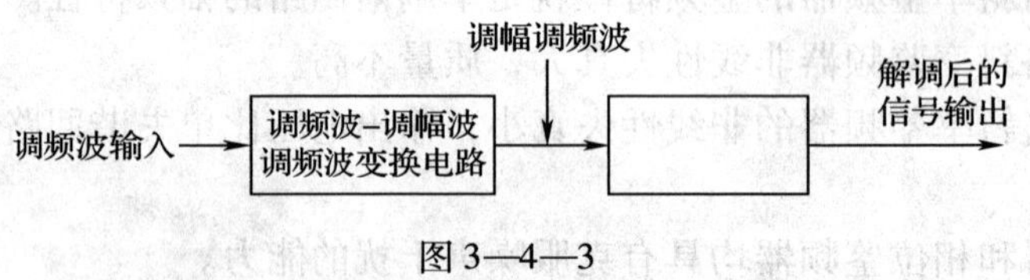

图 3—4—3

4．图 3—4—4a 所示为一调频接收机方框图，中频为 10 MHz，本振频率 $f_L > f_c$，其鉴频特性如图 3—4—4b 所示。现输入一个电压为 5 μV（有效值）、载波频率为 100 MHz、调制频率 $F = 5$ kHz、调频指数 $M_f = 5$ 的单音余弦调频信号。

（1）写出输入调频波 $u_{FM}(t)$ 的表达式。

（2）接收机必须的频带宽度是多少？

（3）画出鉴频器输出电压 $u_o(t)$ 的波形图（标出最大值）。

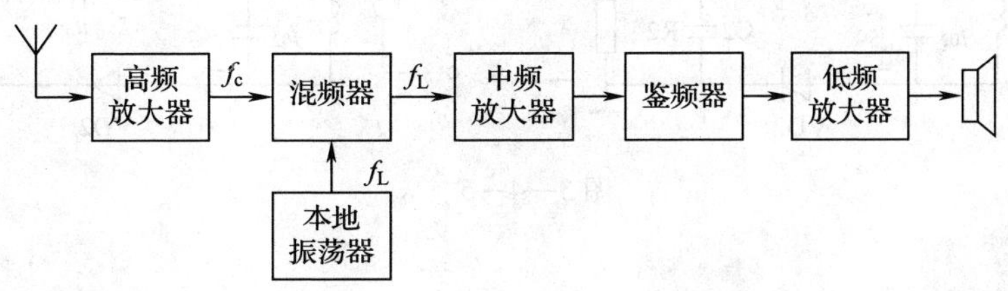

a）

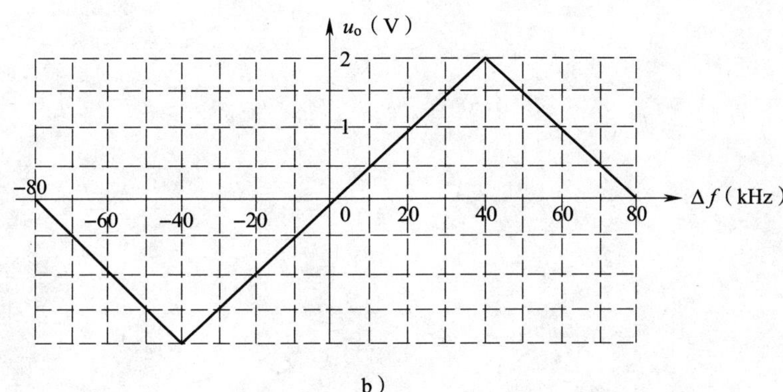

b）

图 3—4—4

5. 在图 3—4—5 所示的两个电路中，哪个能实现包络检波？哪个能实现鉴频？相应的回路参数如何配置？

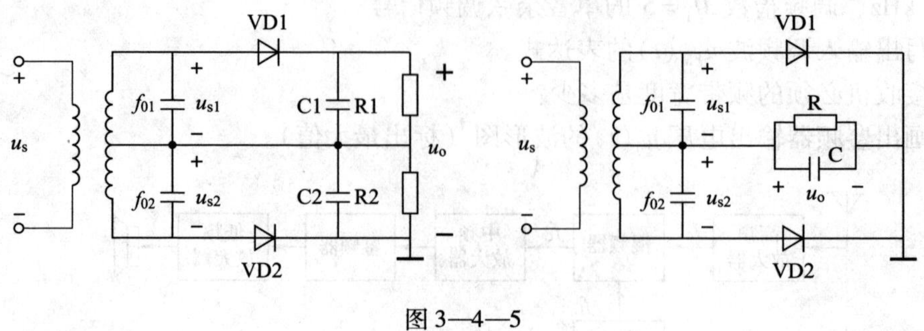

图 3—4—5

课题四　收音机的安装和调试

任务1　调幅收音机的安装和调试

一、填空题

1．收音机按照体积大小可分为________、________和________收音机；按照广播制式可分为________、________和________收音机；按照波段数可分为________、________和________收音机；按照所使用的元件可分为________和________收音机；按照信号处理方式可分为________和________收音机。

2．调幅收音机是指能接收________并能解调还原出________的收音机。调幅收音机按照所用无线电波段，可分为________、________和________收音机。

3．按照播送内容形式，无线电广播可分为______广播和______广播。

4．按照调制方式，无线电广播可分为______广播和______广播。

5．调幅广播是以________为传输广播节目载体的广播方式；调频广播是以________为传输广播节目载体的广播方式。

6．按照所用无线电波段，无线电广播可分为______广播、______广播、______广播和________广播等。

7．无线电广播发射机是用于发射无线电广播信号的设备，它将声电变换器（话筒）输出的______信号转变为强度足够的__________，通过天线变成__________发射出去。

8．无线电广播接收机是用于接收无线电广播信号的设备，它是先通过天线接收________并变换成__________信号，然后把______信号变换成______信号，再由电声变换器（扬声器）还原成原来传递的声音。

9．________是超外差式接收机的核心部分。

10．________和__________往往共用一个电子器件，合并为一个电路，这时就称为变频器。

11．普通调幅的作用是将低频调制信号的频谱不失真地搬移到________的两边，振幅检波的作用是将调幅信号的频谱搬移到________附近，混频的作用是将输入信号的频谱不失真地搬移到____________________的两边。

二、选择题

1．调制的实质是（　　）。

A．频谱搬移，把调制信号从低频搬移到高频

B. 频谱搬移，把调制信号从高频搬移到低频

C. 频谱搬移，把载波信号从高频搬移到低频

D. 频谱搬移，把载波信号从低频搬移到高频

2. 以下关于调幅的描述正确的是（　　）。

A. 用调制信号去控制载波信号的振幅，使载波信号的振幅随调制信号的规律而变化

B. 用载波信号去控制调制信号的振幅，使载波信号的振幅随调制信号的规律而变化

C. 用调制信号去控制载波信号的振幅，使调制信号的振幅随载波信号的规律而变化

D. 用载波信号去控制调制信号的振幅，使调制信号的振幅随载波信号的规律而变化

3. 下列信号中携带有调制信号信息的是（　　）。

A. 载波信号　　B. 本振信号

C. 已调波信号　　D. 以上答案都正确

4. 在调幅波中，若载频为500 kHz，调制信号的频率为1 kHz，则此调幅波的频带宽度为（　　）。

A. 500 kHz　　B. 1 kHz　　C. 2 kHz　　D. 501 kHz

5. 中波收音机输入回路接收信号的频率范围为（　　）。

A. 525 ~1 605 kHz　　B. 535 ~1 605 kHz

C. 1 000 ~1 605 kHz　　D. 1 000 ~2 000 kHz

6. 在一般广播收音机中常用（　　）作为本地振荡器。

A. 互感反馈式振荡器　　B. 考毕兹电路

C. 哈特莱振荡器　　D. 西勒电路

7. 有些振荡器接上负载时，会产生停振现象，这是因为振荡器此时不能满足（　　）。

A. 振幅平衡条件　　B. 相位平衡条件

C. 起振条件　　D. 振幅平衡条件或相位平衡条件

8. 对于调幅波段收音机，本振信号的频率必须高于外来高频信号（　　）。

A. 465 kHz　　B. 10.7 MHz　　C. 38 MHz　　D. 465 MHz

9. 若已知某电台本振信号的频率为1 236 kHz，则接收信号的频率为（　　）。

A. 465 kHz　　B. 771 kHz　　C. 1 701 kHz　　D. 1 236 kHz

10. 收音机中变频器的作用是（　　）。

A. 改变载波频率　　B. 改变音频

C. 同时改变载频和音频　　D. 改变放大器的通频带

11. 混频器与变频器的关系是（　　）。

A. 混频器包括了本振电路　　B. 变频器包括了本振电路

C. 二者都包括了本振电路　　D. 二者均不包括本振电路

12. 要求本振信号功率大，相互影响小，放大倍数大，宜采用（　　）的混频电路。

A. 外来高频信号由基极输入，本振信号由发射极注入

B. 外来高频信号由基极输入，本振信号由基极注入

C. 外来高频信号由发射极输入，本振信号由基极注入

D. 外来高频信号由发射极输入，本振信号由发射极注入

13. 变频器的工作过程是进行频率变换，在变换频率的过程中，只改变（　　）。

A. 载波频率　　B. 本振信号频率

C. 调制信号频率　　D. 中频频率

14. 我国调幅收音机中频信号频率为（　　）。

A. 465 kHz　　B. 10.7 MHz　　C. 38 MHz　　D. 465 MHz

15. 中频变压器的工作频率一般在（　　）。

A. 几千赫兹到几十兆赫兹　　B. 几十兆赫兹到几百兆赫兹

C. 几十赫兹到几百赫兹　　D. 几百赫兹到几千赫兹

16. 调幅收音机中频放大器对增益的一般要求是（　　）。

A. 50 ~ 60 倍　　B. 465 倍左右

C. 50 ~ 60 dB　　D. 465 dB 左右

17. 能将电压放大 10 000 倍的放大器，其增益用电平表示为（　　）。

A. 40 dB　　B. 60 dB　　C. 80 dB　　D. 100 dB

18. 在无线电广播过程中解调器的作用是（　　）。

A. 对信号进行放大　　B. 从接收信号中取出载频信号

C. 从接收信号中取出音频信号　　D. 选择接收载频信号

19. 调幅收音机自动增益控制特性一般是指音频输出电平改变（　　）所对应的射频输入信号电平变化的范围。

A. 1.5 dB　　B. 5 dB　　C. 10 dB　　D. 15 dB

20. 采用逐点法对多级小信号调谐放大器进行调谐时，应（　　）。

A. 从前向后，逐级调谐，反复调谐

B. 从后向前，逐级调谐，不需反复

C. 从后向前，逐级调谐，反复调谐

D. 从前向后，逐级调谐，不需反复

三、判断题

1. 无线电广播是将声音信号转变成电信号后直接由天线发射出去。（　　）

2. 中波天线是电感线圈。（　　）

3. 变压器的图形符号与电感线圈的图形符号一样。（　　）

4. 正弦波振荡器产生持续振荡必须同时满足振幅平衡条件和相位平衡条件。（　　）

5. 多级放大器总的噪声系数取决于前面两级，与后面各级的噪声系数关系不大。（　　）

6. 二极管大信号检波是利用二极管的非线性特性来实现的。（　　）

7. 收音机中，AGC 电路的作用是当收到的信号过强时，控制功率放大器的增益，降低音量。（　　）

8. 扬声器的纸盆口径一般采用英寸作为单位。（　　）

四、综合题

1．图 4—1—1 所示为超外差式 AM 接收机的原理框图。

（1）写出空白框 A 和 B 的名称。

（2）方框图中由非线性电路实现的功能有哪些？

（3）画出 a、b、c 三处的波形。

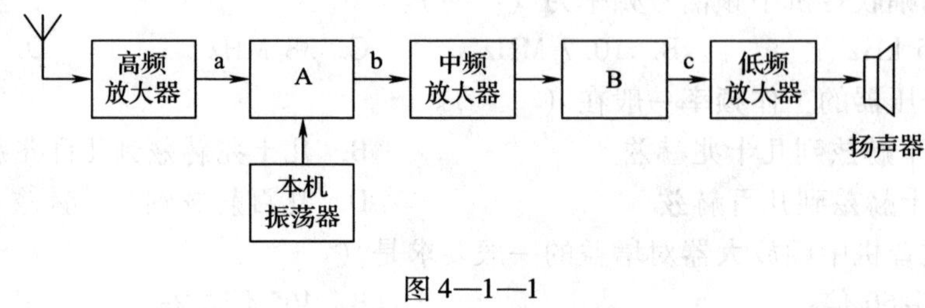

图 4—1—1

2．图 4—1—2 所示为调制信号和载波的波形，画出 AM 信号的波形。

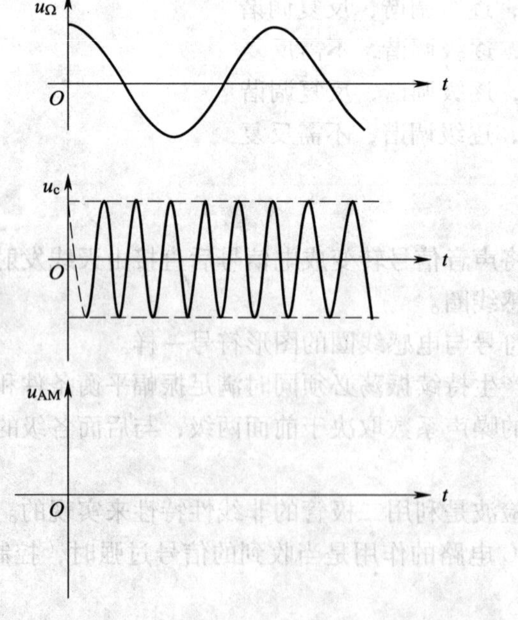

图 4—1—2

3．图 4—1—3 所示为收音机的部分电路。

（1）画出其电路组成方框图。

（2）简述其工作原理。

（3）C1、C2、L1 调谐在什么频率？L4、C6、C7、C8 调谐在什么频率？C5、L5 调谐在什么频率？C10、L7 调谐在什么频率？（说明频率名称即可）

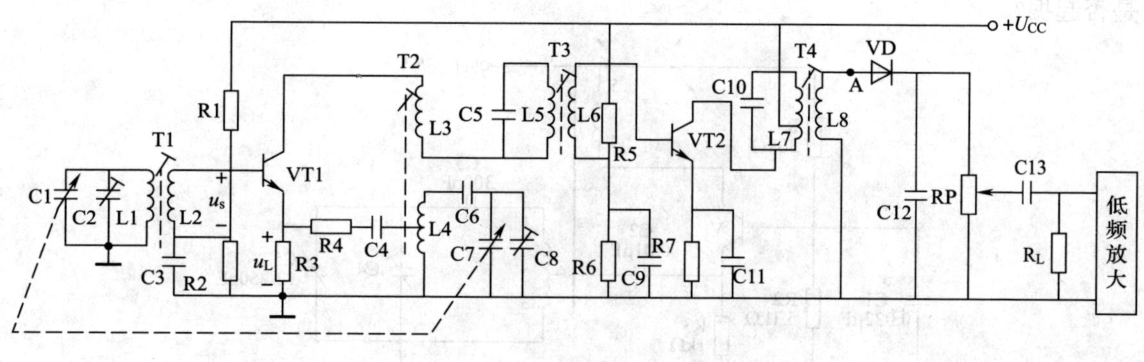

图 4—1—3

4．某调幅收音机中的本机振荡电路如图 4—1—4 所示。

（1）在振荡线圈的一、二次侧标出同名端，以满足相位起振条件。

（2）计算当 $L_{13}=100\ \mu H$，$C_4=10\ pF$ 时，在可变电容 C5 的变化范围内，电路振荡频率的可调范围。

（3）若本振停振，收音机的故障现象是什么？在检修时一般采用什么方法来检查本振是否起振？

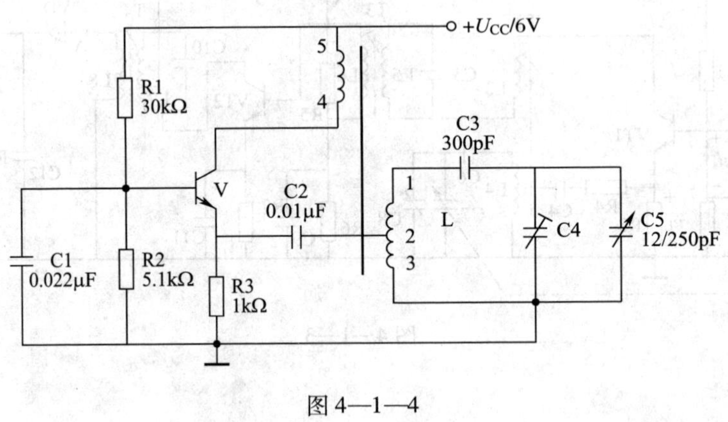

图 4—1—4

5．图 4—1—5 所示为某晶体管收音机的检波电路。

（1）电阻 R1、RP 是检波器的什么电阻？为什么要采用这种连接方式？

（2）电路中的元件 R2、C3 是什么类型的滤波器？其输出的 u_{AGC} 电压有何作用？

（3）若检波二极管 VD 开路，对收音机将会产生什么样的结果？为什么？

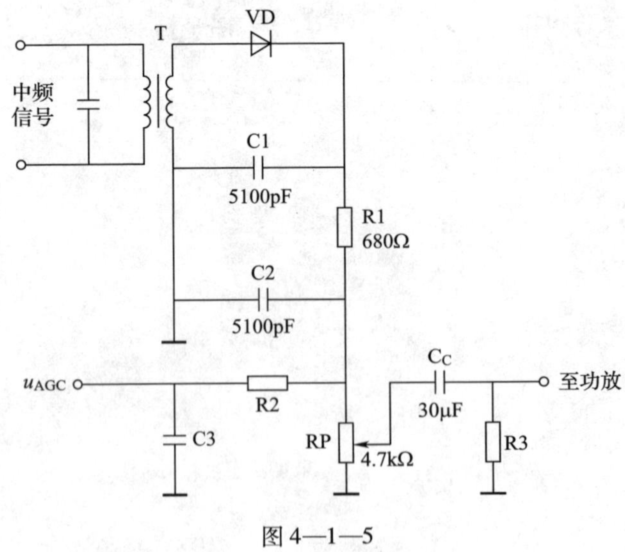

图 4—1—5

6. 什么是收音机的统调？什么是三点统调？

任务2　FM/AM 收音机的安装和调试

一、填空题

1. 调幅是高频信号的________随调制信号规律变化；调频是高频信号的________随调制信号规律变化。

2. 调频广播的主要特点是________________________、________________________、________________________。

3. 限幅电路的作用是____。

4. 常用的限幅电路是利用二极管导通的________作用和三极管的________________特性来实现限幅的。通常把限幅电路设置在________________之后，也有的把限幅电路设计在____________中。

5. 预加重和去加重是相反的过程。预加重电路用在________________中，多采用________滤波器的形式；而去加重用在________________中，多采用________滤波器的形式。

6. 调频收音机的变频电路采用高频性能较好的________________振荡器作为本振电路，而且本振频率受________________电路控制，实现本振频率的自动调整。

二、选择题

1. 关于调频的描述正确的是（　　）。
   A. 载波的角频率随调制信号频率的大小变化
   B. 载波的角频率随调制信号幅度的大小变化
   C. 载波的幅度随调制信号幅度的大小变化
   D. 载波的角频率随调制信号相位的大小变化

2. 调频广播与调幅广播相比，具有（　　）的特点。
   A. 传播距离远　　　　B. 调制过程简单
   C. 音质较差　　　　　D. 抗干扰能力强

3. 不属于调频信号抗干扰能力强的原因的是（　　）。

A. 频带宽　　B. 信噪比大　　C. 调频指数高　　D. 信号幅度大

4. 调频信号的频带宽，所以必须工作在（　　）。

A. 中波波段　　B. 短波波段　　C. 超短波波段　　D. 长波波段

5. 超短波以上频段的信号大多以（　　）。

A. 天波方式传播　　B. 地波方式传播

C. 直射方式传播　　D. 天波和地波两种方式传播

6. 调幅波的信息寄载于（　　），调频波的信息寄载于（　　）。

A. 频率的变化之中　　B. 幅度的变化之中

C. 相位的变化之中　　D. 初相的变化之中

7. 某电台节目的发射频率为 1 476 kHz，此频率是指它的（　　）。

A. 音频频率　　B. 调制信号频率　　C. 载波频率　　D. 频率范围

8. 我国调频广播的载波频率范围为（　　）。

A. 535 ~ 1 605 kHz　　B. 535 ~ 1 605 MHz

C. 65. 8 ~ 108 MHz　　D. 87 ~ 108 MHz

9. 接收机天线接收到的无线电波是（　　）。

A. 音频信号　　B. 已调信号　　C. 载波信号　　D. 调制信号

10. 超外差式收音机的本机振荡电路实际上是（　　）。

A. 负反馈电路　　B. 正反馈电路　　C. LC 谐振电路　　D. 放大电路

11. 收音机中送入中频放大器的信号频率为（　　）。

A. 535 ~ 1 605 kHz　　B. 465 kHz　　C. 9 kHz　　D. 460 ~ 470 kHz

12. 二波段收音机中检波电路的位置是在（　　）。

A. 输入回路与变频级之间　　B. 变频级与中频放大电路之间

C. 中频放大器与音频电压放大器之间　　D. 音频电压放大器与功放之间

13. 单声道调频收音机的通频带为（　　）。

A. 9 kHz　　B. 150 kHz　　C. 75 kHz　　D. 180 kHz

14. 印制电路板元器件插装应遵循（　　）的原则。

A. 先大后小、先轻后重、先高后低　　B. 先小后大、先重后轻、先高后低

C. 先小后大、先轻后重、先低后高　　D. 先大后小、先重后轻、先高后低

15. 整机装配时应参照（　　）进行安装。

A. 印制电路板　　B. 电原理图　　C. 样机　　D. 装配图

16. 已知收音机某级电路晶体管发射极电阻为 1 kΩ，静态压降为 0. 8 V，则该级电路晶体管的发射极静态工作电流约为（　　）。

A. 0. 4 mA　　B. 0. 6 mA　　C. 0. 8 mA　　D. 1 mA

17. 调谐指示机构装配不当会造成（　　）。

A. 整机电流增大　　B. 中频变压器损坏

C. 收不到电台信号　　D. 频率指示不正确

18. 收音机的三点统调是指（　　）。

A. 中波段、短波段、调频波段　　B. 中波段、输入端、输出端

C. 波段的高端、低端、中间　　D. 输入端、输出端、中间

19. 调频收音机中频信号频率为（　　）。

A. 465 kHz　　B. 10.7 MHz　　C. 38 MHz　　D. 10.7 kHz

三、判断题

1. 调节收音机中输入回路的谐振频率可收到不同的电台。（　　）

2. 二波段收音机中，中波与短波之间的变换是靠调节输入回路的电容来实现的。（　　）

3. 对于调频波段收音机，本振信号的频率必须高于外来高频信号 10.7 MHz。（　　）

4. 调频接收机中限幅器的作用是降低音量。（　　）

5. 限幅电路的作用是切除输入信号幅度的变化，提供一个幅度恒定的信号输出，同时还要保持输出信号中频率的变化规律不变。（　　）

6. 音频变压器通常用硅钢片作铁芯，高频变压器通常用铁氧体作铁芯。（　　）

7. 检波器的主要作用是从载波信号中拾取出原调制信号。（　　）

8. 自动增益控制的主要作用是防止中放电路过载。（　　）

9. 用毫伏表测量电压时，应尽量选择合适的量程，从而使表针在满刻度的 2/3 以上区域。（　　）

10. 调频接收机的抗干扰能力强于调幅接收机，主要在于它具有限幅电路。（　　）

四、综合题

1. 画出单声道调频收音机的组成框图，并简述每个组成部分的作用。

2. 调幅接收机与调频接收机有什么不同？

3. 调频收音机中的变频电路、中放电路与调幅收音机相比有什么区别？

4. 什么是预加重和去加重？为什么调频收音机要设置去加重电路？

5. 调频收音机中 AFC 电路的作用是什么？简述它的工作原理。

6. 图 4—2—1 所示为 FM/AM 收音机电路原理图，其中集成电路为 TA8164。根据该电路原理图画出电路组成方框图，并说明收音机收听电台广播的信号流程。

VD1变容二极管
C14
0.33μF
R4
27Ω
R1
100kΩ
C10
5pF
R5 27Ω
C21
0.01μF
R7
820Ω
C23
220μF
3V
S2
T4
黄
VT2
9013C
VT3
9013C
C22
0.01μF
VD2
1N4118
T3
绿
C20
0.01μF
R6
62kΩ
C19
120pF
VT1
C17
4.7μF
RP
C18
4.7μF
带开关的电位器
C16
2200pF
J10.7
C15
0.01μF
R3
2.7kΩ
R2
100kΩ
C4′
C1-4
C13
150pF
T2
C1-1
L3
3.5T
C1′
C12
20pF
C11
20pF
S1
C1-2
L2
4.5T
C2′
C9
18pF
T1
C1-3
C3′
C7
0.022μF
C8
0.01μF
C1
30pF
L1
ϕ4.5,3.5T
C2
47pF
C3
30pF
C4
33μF
C5
0.01μF
LP1
465kHz
LP2
10.7MHz
C6
220μF

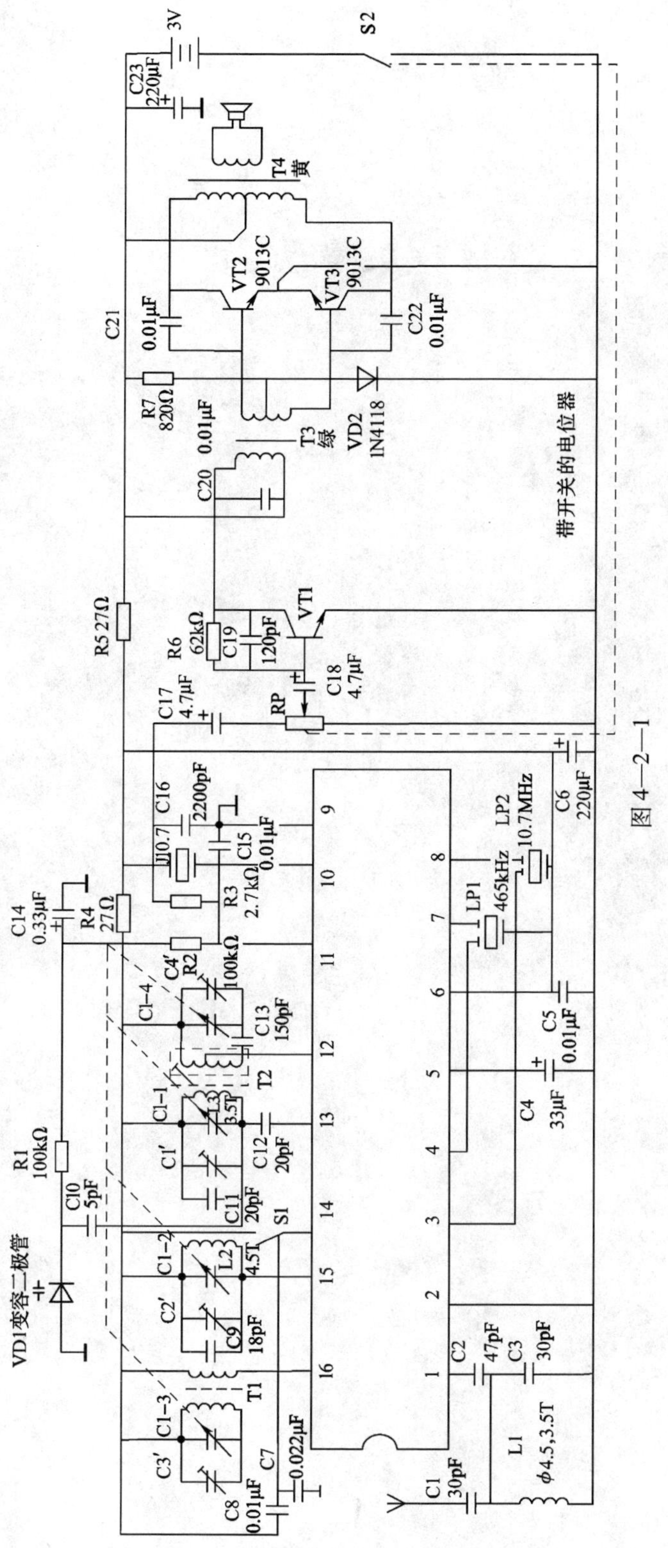

图4—2—1